职业本科·能源动力与材料类专业新形态教材

U0649391

储能电芯
智能制造技术

赵文天　史钰琪　主　编
董栋栋　白璐云　副主编

人民交通出版社
北 京

内 容 提 要

本教材为职业本科能源动力与材料类专业新形态教材。本教材主要内容包括电芯极片智能制造工艺及装备、电芯装配、电芯后段工艺与检测 3 个项目。本教材依据储能电芯企业生产工序及生产车间布局,按照制浆、涂布、制片、装配、注液、化成、测试工艺流程整体设计,将职业行动领域中的工作过程融合在学习情境的教与学的过程中,突出学生主体、能力培养、一体化教学,同时渗透素养教育,使教学更加具有针对性和实用性,激发学生的学习兴趣和主动性。

本教材可作为高等职业教育本科院校储能材料工程技术专业、高等职业教育专科院校储能材料技术专业教材,也可作为锂离子电池制造企业、电池制造工程师、电池维护技术人员等的职业培训参考用书。

本书配套数字资源,读者可免费扫码观看和在线学习;同时配有教学课件,教师可通过加入教学研讨群(QQ 群号:64428474)获取。

图书在版编目(CIP)数据

储能电芯智能制造技术/赵文天,史钰琪主编.
北京:人民交通出版社股份有限公司,2025.7.
ISBN 978-7-114-19843-4

Ⅰ.TN4

中国国家版本馆 CIP 数据核字第 2025VB3706 号

Chuneng Dianxin Zhineng Zhizao Jishu
书 名:储能电芯智能制造技术
著 作 者:赵文天 史钰琪
责任编辑:张一梅
责任校对:赵媛媛 武 琳
责任印制:张 凯
出版发行:人民交通出版社
地   址:(100011)北京市朝阳区安定门外外馆斜街 3 号
网   址:http://www.ccpcl.com.cn
销售电话:(010)85285911
总 经 销:人民交通出版社发行部
经   销:各地新华书店
印   刷:北京科印技术咨询服务有限公司数码印刷分部
开   本:787×1092 1/16
印   张:9.75
字   数:217 千
版   次:2025 年 7 月 第 1 版
印   次:2025 年 7 月 第 1 次印刷
书   号:ISBN 978-7-114-19843-4
定   价:42.00 元
(有印刷、装订质量问题的图书,由本社负责调换)

在全球能源转型的背景下,我国加快推进清洁能源建设,持续推动新能源高质量发展,推动经济绿色转型。青海锂资源丰富,约占全国锂资源储量的83%、世界卤水锂资源储量的1/3,锚定打造国家清洁能源产业高地。储能技术作为实现可再生能源大规模应用和电网稳定运行的关键支撑,正经历着前所未有的发展机遇。作为储能系统的核心部件,储能电芯的性能和质量直接决定了整个储能系统的效率、可靠性和成本。随着科技的快速发展和市场需求的不断增长,储能电芯制造正朝着智能化、高效化、高精度和绿色化的方向迈进。

青海职业技术大学聚焦青海千亿级锂电产业集群,面向电池制造工程师、电池及电池系统维护师等岗位需求编写本教材。本教材涵盖了从材料选择、材料制备、电芯设计、电芯制造到化成检测以及质量要求等多个方面的内容,深入浅出地介绍了储能电芯制造领域的知识和技术技能。

作者在本教材编写过程中,力求做到理论与实践相结合,既注重阐述储能电芯制造的基本原理和科学基础,又密切关注实际生产中的技术难题和解决方案。本教材以项目为引领、以任务实施为驱动,结合任务评价和学习测试,激发学生的学习积极性和主观能动性,使学生可以在学习的过程中将理论与实践相结合,身临其境地体验企业的生产实际,增强学生的职业适应性。

本教材的特点如下:

(1)教材编写落实"立德树人"根本任务,全书贯穿"'锂'有未来,'电'亮前程"思政主线,融合科技报国、工匠精神、绿色低碳等育人理论,推动专业知识与思政教育有机结合,助力学生掌握相关知识和技术技能,树立职业理想,体现教材内容与教学目标的达成度。

(2)教材设计按照项目对应生产车间,教学任务对接车间生产任务,分为电芯制造前段、中段和后段三大工序进行整体设计,体现学习任务与岗位需求的契合度。

(3)教材编写得到了多家行业企业的鼎力支持,特别是锂离子电池行业头部企业深度参与,充分融入企业生产实际,通过校企合作开发教材,体现产业与教育的融合度。

（4）教材配套课件、视频动画、教案、习题及答案等丰富的教学资源,方便教师教学和学生学习,体现教学组织的有效度。

（5）教材服务国家新能源产业发展战略,对接青海区域经济发展千亿锂电产业集群人才需求,体现人才培养与产业需求的匹配度。

本教材由青海职业技术大学赵文天、史钰琪担任主编,青海职业技术大学董栋栋、白璐云担任副主编。教材编写分工如下:项目一由赵文天和董栋栋编写,项目二由史钰琪编写,项目三由白璐云编写。上海熙能慧博科技有限公司韩庆朋、青海骑遇网络科技有限公司陈虎负责本书的统稿工作。

本教材编写过程中得到青海时代新能源科技有限公司、上海翎宇机电科技有限公司、青海骑遇网络科技有限公司等企业的大力支持与帮助,在此一并感谢。

由于作者水平有限,书中的不足之处在所难免,敬请读者批评指正。

作 者
2025 年 4 月

本教材配套数字资源索引

序号	二维码名称	二维码	所在页码	序号	二维码名称	二维码	所在页码
1	电芯基本知识		3	11	辊压机基本结构		31
2	制浆工艺流程及分类		3	12	辊压实训		32
3	制浆工艺对锂离子电池浆料的性能影响		7	13	极片分切原理及作用		41
4	制浆设备及实训		8	14	分切设备原理及结构		42
5	涂布机原理		18	15	分切产生的缺陷及实训		48
6	涂布机主要结构		18	16	极耳焊接		57
7	涂布工艺流程		22	17	极耳焊接设备		60
8	涂布实训		23	18	卷绕工艺		69
9	辊压基本原理		30	19	卷绕设备		73
10	辊压质量影响因素		31	20	叠片工艺与卷绕工艺对比		74

序号	二维码名称	二维码	所在页码	序号	二维码名称	二维码	所在页码
21	封装基础知识		83	31	分容原理和作用		126
22	封装工艺流程		85	32	分容工序(1)		126
23	负极极耳焊接(底焊)		87	33	分容工序(2)		127
24	电池滚槽工艺及设备		90	34	锂离子电池分容分选标准及分容设备		128
25	盖帽焊接、电池封口		91	35	电性能检测		135
26	注液工艺		100	36	机械性能测试-1		136
27	注液设备原理与分类		101	37	机械性能测试-2		137
28	化成原理、反应和作用		115	38	电学安全测试及电性能检测设备		138
29	化成设备		119	39	机械安全测试设备		139
30	化成工序及注意要点		120				

本教材与岗位、专业技能竞赛、职业技术证书对接知识点

序号	岗位	技能竞赛	职业技术证书	教材对应知识点
1	电池制造工程师 [电解液制作工、电池配料工、电极制造工、隔离层制备工、电池部件制备工、电池(组)装配工、电池试制工、电池制液工、电池化成工、固态电解质制造工、电池测试工]	电极材料的混合、涂布、干燥等工艺环节,需要掌握精确的配料比例、涂布厚度和干燥条件,以确保电极的一致性和性能的稳定性	电池制造工程师	电极片制备
		考验参赛者对电池装配流程的熟悉程度,如电芯的卷绕或叠片、极耳焊接、外壳封装等,要求电池装配过程准确无误,保证电池的密封性和安全性		电池装配
		熟练使用各种电池测试设备,如充放电测试仪、电化学工作站、内阻测试仪等,对电池的容量、电压、内阻、循环寿命、倍率性能等进行准确的测试和分析		电池性能测试
		了解电池安全性能的要求,掌握电池过充、过放、短路、高温、挤压等安全测试方法,能够对电池的安全性进行评估和改进		电池安全性能评估
		熟悉电池制造设备的原理和操作方法,能够进行日常的设备维护,确保设备的正常运行		设备操作与维护
2	电池及电池系统维护师 (废旧电池及电池系统处置员、电池及电池系统维护员)	外观检查:要求选手能够准确识别电池及电池系统的外观缺陷,如外壳破损、漏液、鼓包等,判断其对电池性能和安全性的影响。 内阻检测:熟练使用专业仪器测量电池内阻,通过内阻数据判断电池的健康状态,分析可能存在的故障隐患。 性能测试:掌握充放电测试、循环寿命测试等操作,准确地记录和分析测试数据,评估电池的容量、倍率性能、自放电率等指标。 故障诊断:综合运用各种检测手段和数据分析方法,快速准确地定位电池及电池系统的故障点,如电池单体故障、连接线路问题、管理系统故障等	电池及电池系统维护师	电池检测与诊断
		专业工具使用:熟练使用各种电池维护工具,如扳手、螺丝刀、钳子等,以及专用工具,如电池内阻测试仪、充放电测试仪、电池活化仪等。 设备操作与维护:正确操作和维护电池生产、检测、维修等相关设备,如自动化生产线、检测设备、修复设备等,确保设备正常运行,提高工作效率和质量		工具与设备使用
		电池原理与技术:具备扎实的电池基本原理、化学组成、工作特性等理论知识,了解不同类型电池的优缺点和应用场景。 行业标准与规范:熟悉国家和行业相关的电池标准、安全规范、维护规程等,如 IEC 标准、国家标准等,确保维护工作符合规范要求		理论知识与规范标准

目录

项目一 | 电芯极片智能制造工艺及装备

工作任务一

制备电芯浆料

任务描述

电芯生产企业销售部接到光伏电站储能系统建设项目后,给生产车间下达储能电芯生产任务,要求生产一批圆柱形磷酸铁锂储能电芯,并保证质量,按期交付。

任务目标

1. 知识目标

(1)掌握制浆原理与工艺流程。

(2)掌握制浆设备工作原理和技术状况。

2. 技能目标

(1)能按照工艺要求配制浆料。

(2)能操作、维护、检修制浆设备。

(3)能撰写制浆工艺方案,统计有关数据。

(4)能够维护制浆设备,分析并排除故障。

3. 素质目标

(1)培养质量意识、绿色环保意识、安全意识、信息素养、创新精神。

(2)培养尊重劳动、热爱劳动的精神,提升实践能力。

(3)培养爱岗敬业、乐于奉献的职业精神。

(4)培养崇德向善、诚实守信、团结协作、交流沟通、互帮互助的优良品质。

建议课时

2~3 课时。

一、知识学习

（一）制浆基础知识

锂离子电池作为一种高性能的二次绿色电池，具有高电压、高能量密度（包括体积能量、质量比能量）、低自放电率、宽使用温度范围、长循环寿命、环保、无记忆效应以及可以大电流充放电等优点。电芯是一个电池系统的最小单元。锂离子电池主要由四大关键材料构成，分别是正极材料、负极材料、隔膜和电解液，成本占比分别约为 45%、15%、18%、10%。

正极材料占锂离子电池总成本的比例最高，其性能直接影响锂离子电池的能量密度、安全性、循环寿命等各项核心性能指标。当前负极材料以石墨材料为主导。隔膜的性能则决定了锂离子电池的界面结构和内阻等，直接影响电池的容量。电解液由有机溶剂、锂盐和溶质组成。

锂电设备是锂离子电池生产的基础，锂离子电池制作工艺复杂，整个生产过程涉及 30 多道工序，需多种设备配套完成。因此，锂电设备的工艺水平及其运行情况会直接影响锂离子电池的性能及质量，是决定锂离子电池品质的关键因素之一。

1. 制浆工艺

锂离子电池的性能上限是由所采用的化学体系（正极活性物质、负极活性物质、电解液）决定的，而实际的性能表现关键取决于极片的微观结构；极片的微观结构主要是由浆料的微观结构和涂布过程决定的，其中浆料的微观结构占主导。就制造工艺对锂离子电池性能的影响而言，前段工序的影响至少占 70%，而前段工序中制浆工序的影响至少占 70%。

在电芯生产过程中，浆料制备是第一道工艺。搅拌是将活性材料通过真空搅拌机搅拌成浆状。搅拌完成后浆料的工艺适用性直接影响后续的涂布以及最终的电池性能。浆料制备是决定电池成本的重要指标，可以说浆料制备是锂离子电池生产工艺中的核心工艺。因此，该道工序质量控制的好坏，将直接影响电池的质量和成品合格率。该道工序工艺流程复杂，对原料配比、混料步骤、搅拌时间等都有较高的要求。

制浆是将活性物质、导电剂、黏结剂、添加剂、溶剂等组分按照一定比例和顺序加入搅拌机中，使其在搅拌桨和分散盘的翻动、揉捏、剪切等机械作用下混合在一起，形成均匀稳定的固液悬浮体系。制浆示意图如图 1-1 所示。

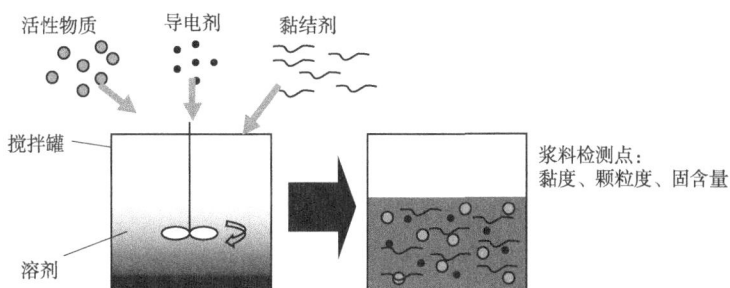

图 1-1　制浆示意图

电芯基本知识

制浆工艺流程及分类

目前，锂电行业常用的制浆工艺有湿法制浆工艺和干法制浆工艺两大类，其区别主要在于制浆前期浆料固含量的高低,湿法制浆工艺前期的浆料固含量较低,而干法制浆工艺前期的浆料固含量较高。锂离子电池制浆工艺流程如图 1-2 所示。

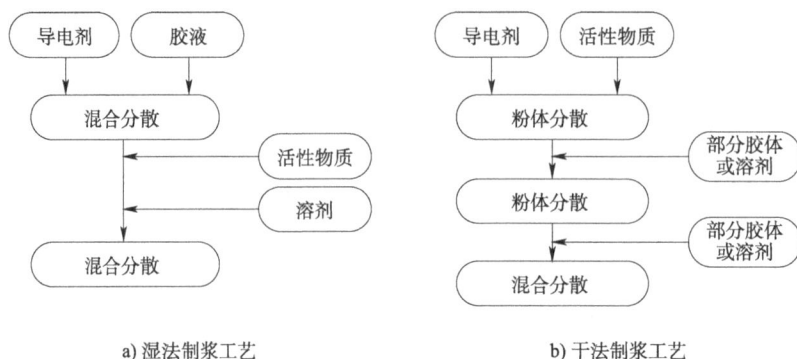

a) 湿法制浆工艺　　　　　　　　　　b) 干法制浆工艺

图 1-2　锂离子电池制浆工艺流程

(1) 湿法制浆工艺

湿法制浆工艺的流程是先将导电剂和黏结剂进行混合搅拌,使其充分分散后再加入活性物质进行充分的搅拌分散,最后加入适量溶剂进行黏度的调整以适合涂布。黏结剂的状态主要有粉末状和溶液状。先将黏结剂制成胶液有利于黏结剂的作用发挥,但也有企业直接采用粉末状的黏结剂。需要指出的是,当黏结剂的分子量大且颗粒较大时,黏结剂的溶解需要较长的时间,因此先将黏结剂制成胶液是必要的。

(2) 干法制浆工艺

干法制浆工艺的流程是先将活性物质、导电剂等粉末物质进行预混合,之后加入部分黏结剂溶液或溶剂,进行高固含量高黏度状态下的搅拌(捏合),然后逐步加入剩余的黏结剂溶液或溶剂进行稀释和分散,最后加入适量溶剂进行黏度的调整以适合涂布。

干法制浆工艺的特点是制浆前期要在高固含量、高黏度状态下进行混合分散(捏合),此时物料处于黏稠的泥浆状,搅拌桨施加的机械力很强,同时颗粒之间也有很强的内摩擦力,能够显著地促进颗粒的润湿和分散,达到较高的分散程度。因此,干法制浆工艺能够缩短制浆时间,且得到的浆料黏度较低,与湿法制浆工艺相比,可以得到更高固含量的浆料。但干法制浆工艺中物料的最佳状态较难把控,当原材料的粒径、比表面积等物性发生变化时,需要调整中间过程的固含量等工艺参数才能达到最佳的分散状态,而这会影响到生产效率和批次间的一致性。

2. 浆料的组成及各组分的理想分散状态

锂离子电池的电极材料包括活性物质、导电剂和黏结剂三种主要成分,其中活性物质占总质量的绝大部分,一般在 90% ~ 98% 范围内,导电剂和黏结剂的占比较小,一般在 1% ~ 5% 范围内。这几种主要成分的物理性质和尺寸相差很大,其中活性物质的颗粒粒径一般在 1 ~ 20μm 范围内;导电剂绝大部分是纳米碳材料,如常用的炭黑的粒子直径只有几十纳米,碳纳米管(CNT)的直径一般在 30nm 以下;黏结剂则是高分子材料,有溶于溶剂的,也有在溶剂中形成微乳液的。

锂离子电池的电极需要实现良好的电子传输和离子传输,从而要求电极中活性物质、导电剂和黏结剂的分布状态满足一定的要求。电极中各材料的理想分布状态(图1-3):活性物质充分分散;导电剂充分分散并与活性物质充分接触,形成良好的电子导电网络;黏结剂均匀分布在电极中并将活性物质和导电剂黏结起来,使电极成为整体。

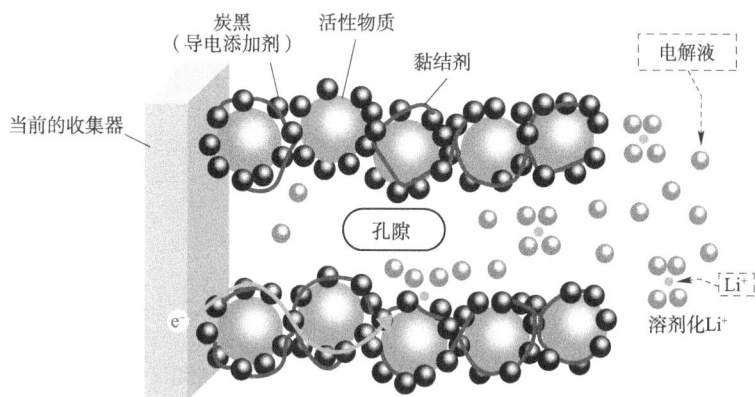

图1-3　电极中各材料的理想分布状态

为了得到符合上述要求的极片微观结构,需要在制浆工序中得到具有相应微观结构的浆料。也就是说,浆料中活性物质、导电剂和黏结剂都必须充分分散,而且导电剂与活性物质之间、黏结剂与导电剂之间、黏结剂与活性物质之间需要形成良好的结合,同时浆料中各组分的分散状态必须是稳定的。

浆料实际上是固体颗粒悬浮在液体中形成的悬浮液。悬浮液中颗粒之间存在着多种作用力,其中由范德华力形成的颗粒之间的吸引力(简称范德华引力)是颗粒团聚的主要原因,而要防止这种团聚,就需要使颗粒之间具有一定的斥力。常见的斥力包括静电斥力和高分子链形成的空间位阻。描述胶体分散液稳定性的一个经典理论是 DLVO 理论(Derjaguin-Landau-Verwey-Overbeek Theory),它考虑了双电层静电斥力和范德华引力的综合作用(图1-4)。由图1-4可见,在一定距离上由静电斥力和范德华力构成的总能量会达到一个极大值 G_{max},这个极大值形成了一个能垒,能够防止颗粒之间进一步接近形成硬团聚($G_{primary}$, $G_{初级}$)。

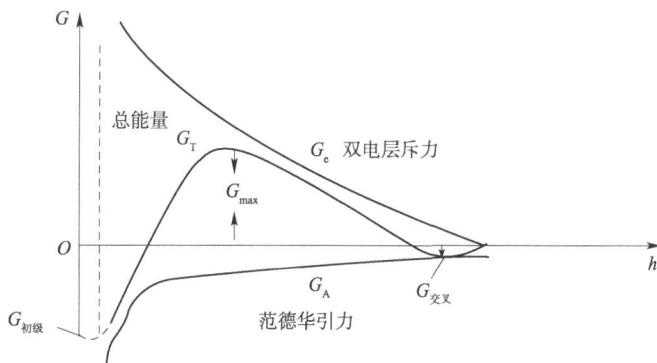

图1-4　胶体分散液稳定性示意图

在锂离子电池浆料中,黏结剂的分子链吸附在颗粒表面所形成的空间位阻对于浆料的稳定性具有非常重要的作用。当黏结剂分子吸附在颗粒表面上形成吸附层后,两个颗粒表面的吸附层相互靠近时,由于空间位阻会产生相互作用能,空间位阻作用力与双电层斥力以及范德华引力一起构成了颗粒之间总的相互作用能,如图1-5所示。

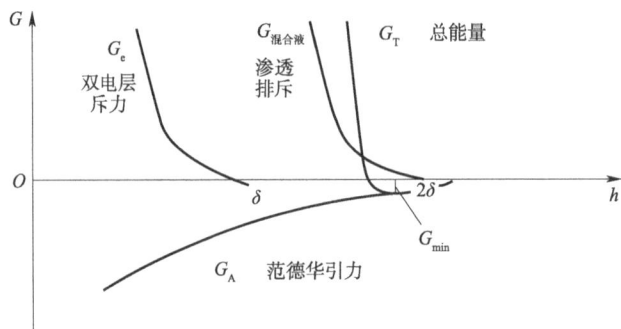

图1-5 颗粒间相互作用能随颗粒间距离的变化情况

因此,要防止锂离子电池浆料中的颗粒出现团聚,就需要让黏结剂的高分子链吸附到颗粒表面,形成一定的空间位阻,使得浆料的分散状态能够长时间保持稳定。

3. 制浆的微观过程

锂离子电池的制浆过程是将活性物质和导电剂均匀分散到溶剂中,并且在黏结剂分子链的作用下形成稳定的浆料。从微观角度看,锂离子电池的制浆过程通常包括润湿、分散和稳定化三个主要阶段(图1-6)。

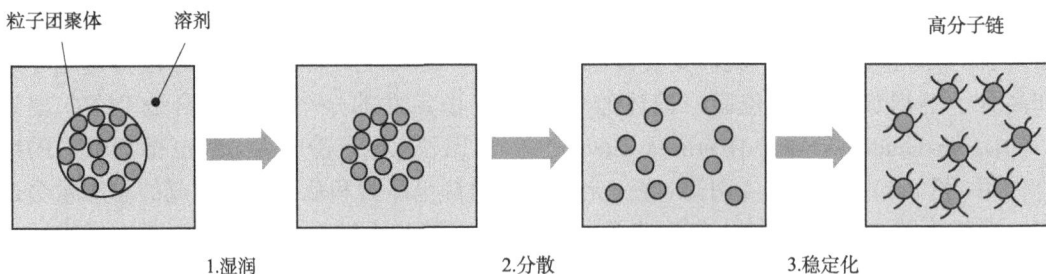

图1-6 微观角度的锂离子电池制浆过程的三个主要阶段

湿润阶段是使溶剂与粒子表面充分接触的过程,也是将粒子团聚体中的空气排出,并由溶剂取代的过程。这个过程的快慢和效果一方面取决于粒子表面与溶剂的亲和性,另一方面与制浆设备及工艺密切相关。

分散阶段是将粒子团聚体打开的过程。这个过程的快慢和效果一方面与粒子的粒径、比表面积、粒子之间的相互作用力等材料特性有关,另一方面与分散强度及分散工艺密切相关。

稳定化阶段是高分子链吸附到粒子表面上,防止粒子之间再次发生团聚的过程。这个过程的快慢和效果一方面取决于材料特性和配方,另一方面与制浆设备及工艺密切相关。

需要特别指出的是,在整个制浆过程中,并非所有物料都是按上述三个阶段同步进行的,而是会有浆料的不同部分处于不同阶段的情况。比如,一部分浆料已经进入稳定化阶段,另一部分浆料还处于润湿阶段,这种情况实际上是普遍存在的,这也是造成制浆过程复杂性高、不易控制的原因之一。

4. 影响浆料性能的主要因素

配料的搅拌是锂离子电池后续工艺的基础,高质量搅拌是后续涂布、辊压工艺高质量完成的基础,会直接或间接影响到电池的安全性能和电化学性能。

影响浆料性能的主要因素包括如下:

(1)搅拌桨对分散速度的影响。搅拌桨的形状大致包括蛇形、蝶形、球形、桨形、齿轮形等。一般蛇形搅拌桨、蝶形搅拌桨、桨形搅拌桨用来处理分散难度大的材料或配料的初始阶段;球形搅拌桨、齿轮形搅拌桨用于分散难度较小的状态,效果较佳。

(2)搅拌速度对分散程度的影响。一般说来,搅拌速度越快,分散速度越快,但对材料自身结构和对设备的损伤就越大。

(3)黏度对分散程度的影响。通常情况下,浆料黏度越小,分散速度越快,但浆料过稀将导致材料的浪费和浆料沉淀的加重。

(4)黏度对黏结强度的影响。黏度越大,柔制强度越高,黏结强度越大;黏度越小,黏结强度越小。

(5)真空度对分散程度的影响。高真空度有利于材料缝隙和表面的气体排出,降低液体吸附难度;材料在完全失重或重力减小的情况下,分散均匀的难度将大大降低。

(6)温度对分散程度的影响。适宜的温度下,浆料流动性好、易分散。太热浆料容易结皮,太冷浆料的流动性将大打折扣。

(7)制浆工艺对于锂离子电池浆料的性能影响。制浆工艺对于锂离子电池浆料的性能影响也很大,最典型的是采用不同的加料顺序所得到的浆料性能可能有很大不同。据报道,采用两种不同的加料顺序来制备镍-钴-锰三元正极材料的浆料,所得到的浆料特性和电极性能相差很大,如图1-7所示。第二种加料顺序所得到的浆料固含量更高,且电极的剥离强度和电导率都要高很多,其原因在于导电剂与主材先进行干混能够让导电剂包覆在主材表面,减少了游离的导电剂,结果呈现为两方面:一方面是降低了浆料的黏度,另一方面是减少了干燥后导电剂的团聚,有利于形成良好的导电网络。

制浆工艺对锂离子
电池浆料的性能影响

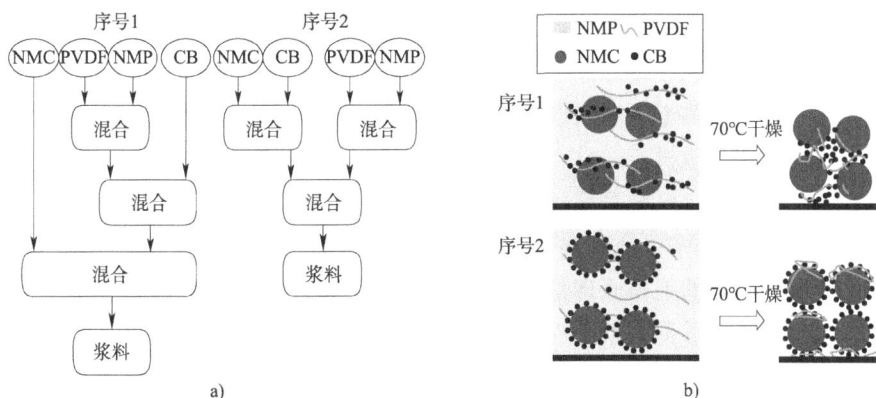

图1-7 不同加料顺序制浆方法

NMC-锂镍锰钴氧化物;PVDF-聚偏氟乙烯;NMP-N—甲基吡咯烷酮;CB—导电炭黑

（二）制浆设备

用于浆料分散的设备主要包括两大类：一类是利用流体运动产生的剪切力对颗粒团聚体进行分散的设备，包括采用各种类型搅拌桨的搅拌机、捏合机，三轴研磨机和盘式研磨机等；另一类是利用研磨珠对颗粒团聚体进行冲击从而达到分散效果的设备，主要包括搅拌磨，以及一些比较特殊的分散设备，如超声波分散机等。超声波分散机的工作原理是利用超声波产生的空化和瞬间的微射流来对颗粒团聚体进行分散。这些不同类型的分散设备如图 1-8 所示。

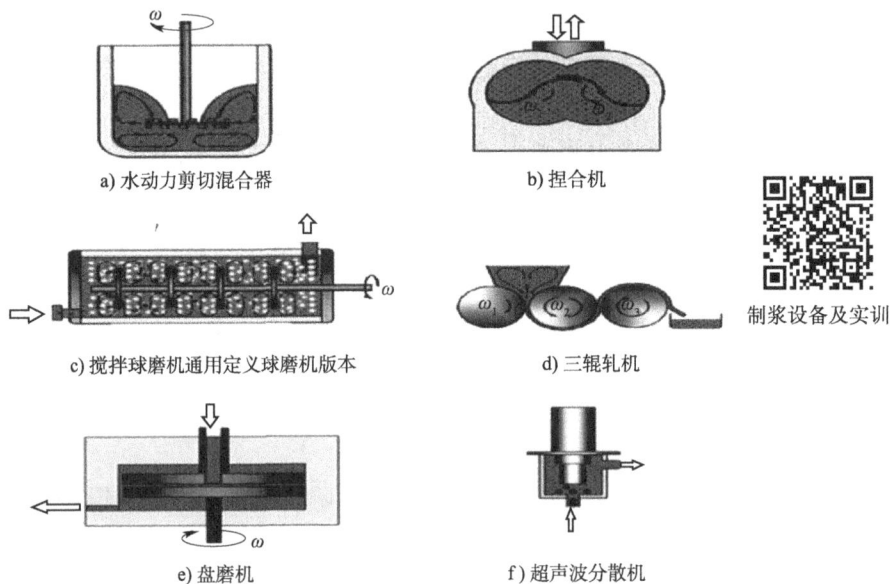

a) 水动力剪切混合器　　　　　　　　b) 捏合机

c) 搅拌球磨机通用定义球磨机版本　　　d) 三辊轧机

制浆设备及实训

e) 盘磨机　　　　　　　　f) 超声波分散机

图 1-8　不同类型的分散设备

以上这些分散设备并非都适用于锂离子电池的制浆。比如，采用研磨珠的搅拌磨，由于研磨珠产生的冲击力很大，容易破坏一些正负极活性物质表面的包覆层，甚至有可能将活性物质打碎，因而很少被用于锂离子电池的制浆；超声波分散机并不适用于高固含量、高黏度的浆料，而锂离子电池的浆料恰恰是高固含量（正极浆料可达 60% ~80%，负极浆料可达 40% ~60%）和高黏度（20 ~200Pa·s）的，不适合用超声波分散机来进行分散。因此，实际上用于锂离子电池制浆的设备都属于用流体运动产生的剪切力来进行分散的类型，包括搅拌机、捏合机等，其中最典型的制浆设备有传统制浆设备——双行星搅拌机和新型浆料分散设备——薄膜式高速分散机。

1. 传统制浆设备——双行星搅拌机

目前，国内外在锂离子电池的制浆上普遍采用的还是传统的搅拌工艺，通常采用双行星搅拌机。双行星搅拌机的工作原理是使用 2 ~3 个慢速搅拌桨做公转和自转相结合的运动，使得桨叶的运动轨迹能够覆盖整个搅拌桶内的空间，如图 1-9 所示。

随着技术的进步，在原有慢速桨的基础上发展出高速分散桨的双行星搅拌机，其工作原理是利用齿盘的高速旋转形成强的剪切作用，可以对已经初步混合好的浆料进行进一步的分散，如图 1-10 所示。

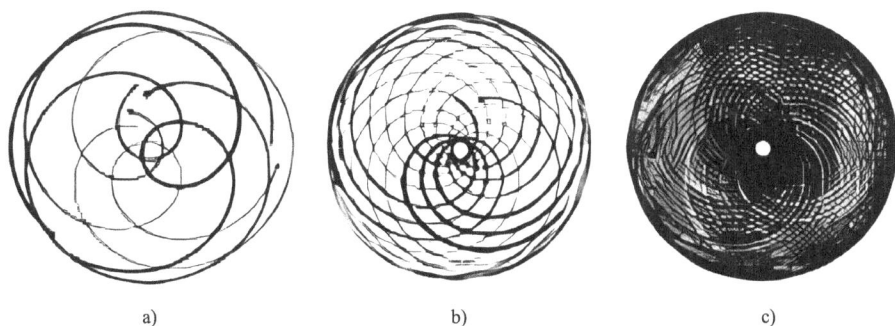

a)   b)   c)

图 1-9 双行星搅拌机的慢速桨做公转和自转相结合的运动时的轨迹

双行星搅拌机的突出优势是能够方便地调整加料顺序、转速和时间等工艺参数,以适应不同的材料特性,并且在浆料特性不满足要求时可以很容易地进行返工,适应性和灵活性都很强。此外,在品种切换时,双行星搅拌机尤其是小型搅拌机的清洗较为简单。

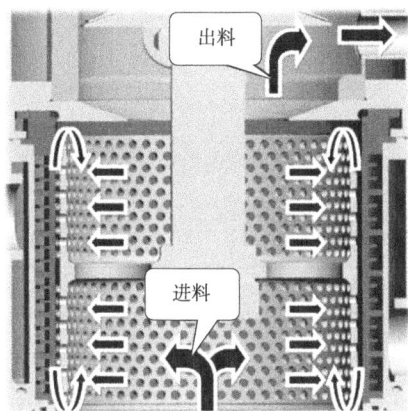

图 1-10 带高速分散桨的双行星搅拌机

在双行星搅拌机中,物料被搅拌桨作用的时间存在概率分布,因此要保证所有物料充分混合和分散需要很长的搅拌时间。早期一批浆料的制备需要 10h 以上,后来通过工艺的不断改进,尤其是引入干法制浆工艺后,制浆时间可以缩短到 3～4h。但由于原理上的限制,双行星搅拌机的制浆时间难以进一步缩短,其制浆的效率比较低,单位能耗也偏高。

由于搅拌桶的体积越大,越难达到均匀分散的效果,目前用于锂离子电池制浆的双行星搅拌机的最大容积不超过 2000L,一批最多能够生产 1200L 的浆料。

目前双行星搅拌机的主要厂商有美国的罗斯,日本的浅田铁工、井上制作所,国内的红运机械等。双行星搅拌机的技术已经非常成熟。

2. 新型浆料分散设备——薄膜式高速分散机

双行星搅拌机的分散能力有限,用于一些难分散的物料[如小粒径的磷酸铁锂材料、比表面积很大的导电炭黑(SP)等]时难以达到良好的分散效果,因此需要配合使用一些更高效的分散设备。日本 PRIMIX 公司推出的薄膜式高速分散机就是一种性能优良的浆料分散设备。

薄膜式高速分散机的工作原理:浆料从下部进入分散桶后,随分散轮一起高速旋转,浆料在离心力作用下被甩到分散桶的内壁上形成浆料环,而且浆料在离心力作用下会高速脱离分散轮外壁撞击分散桶壁,同时在轮壁表面瞬间形成真空,促使浆料穿过分散轮上的分散孔,形成如图 1-11 所示的运行轨迹。同时,由于分散

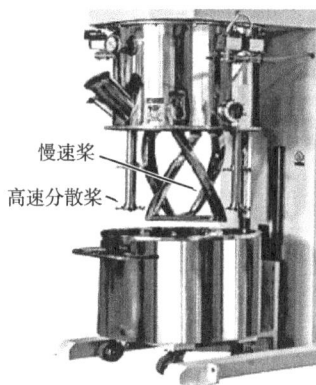

图 1-11 浆料在薄膜式高速分散机中的运行轨迹

轮与桶壁之间的间隙只有 2mm,当分散轮高速旋转(线速度 30～50m/s)时,浆料在这个小间隙里会受到均匀且强烈的剪切作用。浆料在分散桶内的滞留时间约 30s,在此期间,浆料在薄膜式高速分散机中不断循环运动并被剪切分散,能够达到理想的分散效果。图 1-12 是通过仿真计算得到的双行星搅拌机和薄膜式高速分散机中浆料所受到剪切作用的强度和频率的对比。

从图 1-12 中可以明显看到,双行星搅拌机中浆料只有在搅拌桨的端部区域才会受较强的剪切作用,导致浆料受到高剪切作用的频率很低,而薄膜式高速分散机中浆料在整个区域内都能受到强的剪切作用,使得浆料受到高剪切作用的频率很高,从而大幅提高了浆料的分散效果和效率。

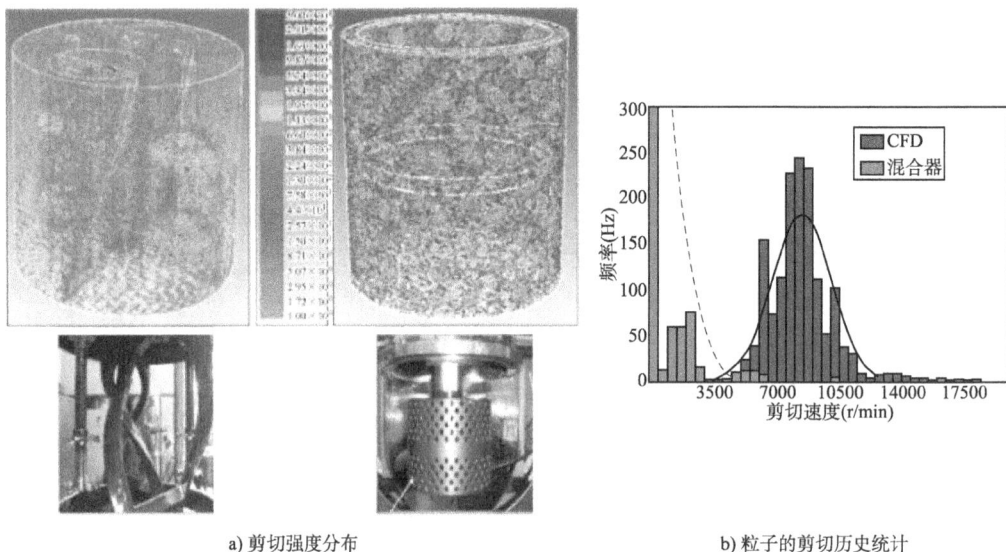

a) 剪切强度分布　　　　　　　　　　　　b) 粒子的剪切历史统计

图 1-12　浆料在薄膜式高速分散机和双行星搅拌机中所受到剪切作用的强度和频率的对比

由日本 PRIMIX 公司首创的薄膜式高速分散机已被韩国及中国的一些锂离子电池厂采用。尚水智能首先将其引入国内,并且其产品性能达到了 PRIMIX 产品的同等水平。需要指出的是,这种薄膜式高速分散机不能单独用于制浆,需要先用双行星搅拌机等设备对粉体和液体原料进行预混得到浆料之后才能用它来进一步分散,因此这种薄膜式高速分散机的应用有一定的局限性,通常与双行星搅拌机配合应用于难分散材料的制浆。

二、任务实施

储能电芯制浆生产制备任务实施步骤见表 1-1。

储能电芯制浆生产制备任务实施步骤　　　　　　　　　　　　　表 1-1

车间工作任务	储能电芯生产制备
生产岗位	制浆工艺岗位
工艺路线	
原材料准备	活性物质、黏结剂、导电剂、溶剂和其他微量添加剂

工艺设计及原材料配制	工艺:将聚偏二氟乙烯(PVDF)溶解于溶剂 N-甲基吡咯烷酮(NMP)中,形成胶液,往胶液中逐步加入 SP 和 CNT 导电液,并在高速分散中形成导电胶,再往导电胶中加入活性材料磷酸铁锂(LiFePO₄),高速分散后通过调节黏度形成正极浆料。原材料配制:LiFePO₄ : SP : CNT : PVDF = 95 : 2 : 0.5 : 2.5 的比例分别用传统工艺和优化工艺制作正极浆料
制浆设备准备检查	双行星搅拌机:检查设备状况是否良好,确保连接线路完整、环境安全
制浆操作	步骤 1:制备 PVDF 胶液。使用普通的搅拌桶先入一定量的溶剂 NMP,再将黏结剂 PVDF 粉体按照设计的固含量(固含量根据需要可控制在 5% ~ 10% 范围内)加入其中,搅拌 4 ~ 6h 后得到 PVDF 胶液。PVDF 胶液为外观无色透明、具有一定黏度的液体。制备好的胶液一般需要进行抽真空处理,并静置 12h 以上,目的是消除搅拌过程中产生的气泡;然后经密封管道通过计量泵输送一定至浆料制备搅拌机,加入导电剂 SP,同时启动搅拌机公转和自转,公转转速设定为(25 ± 5)r/min,自转转速设定为(500 ± 50)r/min,并辅助 NMP 喷淋,使密度极轻的 SP 能够充分混合进入 PVDF 胶液中,搅拌时间为 1h。 步骤 2:添加正极主材。为保证主材与胶液能够有效充分地分散,一般会分步添加,即先加入 50% 主材,如 NCM(镍钴锰酸锂)、LFP(磷酸铁锂),设定公转转速为(30 ± 5)r/min,自转转速为(300 ± 50)r/min,搅拌 5min 后,再加入剩余的 50% 主材,辅助适当的 NMP 喷淋,保持上述参数搅拌 1.5h 以上。在添加主材过程中,根据需要对搅拌桨进行刮浆处理,防止黏附在搅拌桨上的粉体因固液界面润湿角过大,导致无法被充分浸润。 步骤 3:将剩余的 NMP 溶剂全部喷淋加入搅拌机,提高搅拌转速,设定自转转速为(35 ± 5)r/min,公转转速为(800 ± 50)r/min,搅拌 10 ~ 30min 后,再将公转转速提高到(1300 ± 50)r/min 并搅拌 1.5h,完成浆料制备。制备好的浆料在使用前需要转入中转罐进行抽真空消泡处理
浆料性能检测	浆料性能测试一般有固含量、黏度、细度等
车间管理	8S 管理

三、任务评价

制备电芯浆料理实一体化任务评价表见表 1-2。

制备电芯浆料理实一体化任务评价表　　　　　　　表 1-2

班级		成员			
组号		时间			
自我评价					
评价指标	评价要素	评价标准		配分(分)	得分(分)
课前工作	网络资源查找	按要求查找相应的资料得 10 分,查找资料不全按相应的查找情况得 2 ~ 8 分,未按要求查找不得分		10	
	课前资源学习及课前测试	按照云班课上资源学习的完成情况及课前测试得分给出相应的分值		10	
参与状态	出勤情况	迟到或早退的每次扣 2 分,缺勤每次扣 10 分		10	
	协作交流情况	按照能积极开展交流协作、能参与到其他同学的交流协作及通过教师引导参与同学交流协作 3 个档次分别得 15 分、10 分、5 分		15	

续上表

评价指标	评价要素	评价标准	配分(分)	得分(分)
参与状态	积极思考,主动和教师交流	基础分6分,每次和教师交流加2分	10	
	深入思考,发现问题	基础分6分,每次发现相关问题并和教师交流加2分	15	
	遵守课堂纪律	每违反一次课堂纪律扣2分,直至扣完	10	
任务完成情况	工作计划	按照工作计划制定的完整度和合理性分别得2~10分,未制定工作计划不得分	10	
	工作任务	能够按计划完成相关工作任务得10分,每超过计划5min扣2分	10	
总分		权重分(20%)		

个人自评:

组内互评				
评价指标	评价要素	评价标准	配分(分)	得分(分)
课前工作	团队协作查找信息	课前和小组成员一起查找资料、汇总资料,请按照参与程度分别得2~10分,若未参与得0分	10	
参与状态	小组讨论	在小组学习过程中积极参加讨论,按参与度得5~10分,若在讨论过程中有建设性意见,每次加2分	15	
	小组协作	在需要小组成员协作解决问题时,积极参与,按照参与程度得5~10分,若在此过程中主持小组协作,每次加2分	15	
	小组汇报	按照汇报的情况,进行小组汇报的成员得10~15分,能协助进行汇报的成员得5~10分	15	
	纪律问题	能遵守课堂纪律,尊重小组成员和相应的工作成果,如出现违反课堂纪律不尊重小组成员及劳动成果的现象,每次扣2分	15	
任务完成情况	工作任务	能认真与团队协作,按时按质完成工作任务。按照他对团队的贡献从低到高分别得5分、10分、15分	15	
	收尾工作	在任务完成后按照相关要求进行物品规整、资料整理等工作,按照参与度分别得5分、10分、15分	15	
总分		权重分(20%)		

组员评价:

教师评价				
序号	任务	评价要点	配分(分)	得分(分)
1	准备制浆材料	描述材料组成	20	
2	制浆过程	描述制浆工艺方法	20	
3		描述制浆过程	20	
4	制浆工艺对电芯的影响因素	简述有哪几种影响及原因	10	
5	浆料检测	是否合格	10	
6	制浆	操作	5	
7	安全要求	遵守安全规则	5	
8	环保要求	保护环境	5	
9	思政要求	精神素养	5	
考核团队				
总分		权重分(60%)		
总得分				
教师评价:				

四、拓展阅读

吴浩青：电化学领域的璀璨明星

吴浩青，1914年4月22日出生于江苏宜兴，他宛如一颗璀璨明星，在中国电化学领域闪耀着独特光芒。他的一生是为科学事业不懈奋斗的一生，他为中国电化学的发展做出了不可磨灭的贡献。

吴浩青毕业于浙江大学化学系，此后在多所高校任教，1952年任职于复旦大学化学系，从此开启了他在电化学领域的传奇之旅。1957年，他筹建了我国高等院校第一个电化学实验室，建立起测量双电层电容、表面吸附、交流阻抗的方法和实验系统，这个实验室成为我国电化学研究和人才培养的重要基地。

20纪80年代，锂离子电池虽已投入生产，但其阴极反应机理却模糊不清。吴浩青以其敏锐的洞察力和深厚的学术功底，带领团队运用多种先进方法深入研究。经过无数次的实验与分析，他们提出全新的嵌入反应机理，确认阴极反应是锂在氧化铜中的嵌入反应，在一定嵌入度后 Cu-O 键断裂而析出金属铜。这一理论如同一盏明灯,照亮了锂离子电池研究的方向,受到国内外电化学界的高度关注,并荣获国家教委科学技术进步奖二等奖。

除了锂离子电池研究,吴浩青还对中国丰产元素锑的电化学性质做过系统研究,利用微分电容—电势曲线确定了锑的零电荷电位,校正了文献数据并得到国际公认。在应用研究中,他获得了丰硕的成果,主要包括:为储备电池的生产提供了氟硅酸的电导率与其浓度关系的数据,研制了数字地倾斜仪中传感器用的电解液和飞行平台上用的电导液等。

在教育事业上,吴浩青取得了显著成就。他从事教育工作 50 余年,培养了 37 名研究生,许多学生现已成为教授、总工程师等,为我国教育、科研事业输送了大量人才。

五、学习测试

一、单选题

1. 浆料中( )的占比最高。

　　A. 活性物质　　　　B. 导电炭黑　　　　C. 分散剂　　　　D. 黏结剂

2. 锂离子电池主要由四大关键材料中( )性能直接影响锂离子电池的能量密度、安全性、循环寿命等各项核心性能指标。

　　A. 正极材料　　　　B. 负极材料　　　　C. 隔膜　　　　D. 电解液

3. 以下不属于影响浆料均匀性的因素是( )。

　　A. 搅拌速度　　　　B. 搅拌时间　　　　C. 搅拌方式　　　　D. 罐体真空度

4. 磷酸铁锂离子电池的额定电压是( )V。

　　A. 3.2　　　　B. 3.7　　　　C. 4.2　　　　D. 3.5

5. 磷酸铁锂离子电池的缺点主要是( )。

　　A. 能量密度低　　B. 寿命短　　　　C. 安全性差　　　　D. 价格昂贵

6. 动力电池连续循环 1000 次后,放电容量应不得低于初始容量的( )。

　　A. 70%　　　　B. 80%　　　　C. 90%　　　　D. 100%

7. 锂离子电池安全性能要求不包括( )。

　　A. 过载　　　　B. 短路　　　　C. 重物冲击　　　　D. 热失控

8. 以下不属于锂离子电池正极浆料成分的是( )。

　　A. 活性物质　　　B. 导电剂　　　　C. 黏结剂　　　　D. 石墨

9. 锂离子电池正极材料一般采用下列物质中的( )。

　　A. 钢铁　　　　B. 石墨　　　　C. 镍氢合金　　　　D. 锌锰合金

10. 正极材料、负极材料、隔膜和电解液的成本占比分别为( )。

　　A. 45%、15%、18%、10%　　　　　　B. 15%、45%、18%、10%

　　C. 45%、18%、15%、10%　　　　　　D. 45%、15%、10%、18%

二、多选题

1. 锂离子电池从外形包装上大致分为( )。

　　A. 圆柱电池　　　B. 方形电池　　　　C. 软包电池　　　　D. 其他电池

2. 三元锂离子电池的优点是(　　　)。

　　A. 安全性好　　　　B. 能量密度高　　　　C. 额定电压高

3. 储能锂离子电池性能要求包括(　　　)。

　　A. 初始充放电容量　　　　　　　　B. 功率特性出力曲线

　　C. 储存性能　　　　　　　　　　　D. 能量保持与恢复

4. 正极材料浆料吸水产生"果冻"现象是由(　　　)导致的。

　　A. 活性物质　　　B. 黏结剂　　　　C. 溶剂　　　　　D. 导电剂

三、判断题

1. 锂电设备的工艺水平及其运行情况直接影响锂离子电池的性能及质量,是决定锂离子电池品质的关键因素之一。　　　　　　　　　　　　　　　　　　　　(　　)

2. 尽管制浆设备有许多类型,但是它们制浆的工作原理都是一样的。　　(　　)

3. 锂离子电池就是锂电池。　　　　　　　　　　　　　　　　　　　(　　)

4. 锂离子电池可以被归类于锂二次电池。　　　　　　　　　　　　　(　　)

5. 锂离子电池发展已经很成熟,再没有发展空间。　　　　　　　　　(　　)

6. 相比铅酸电池,锂离子电池能量密度更高。　　　　　　　　　　　(　　)

7. 对于锂离子电池而言,平台电压越高,功率输出功率越高。　　　　(　　)

8. 锂离子电池对于环境完全没有污染。　　　　　　　　　　　　　　(　　)

9. 锂离子电池非常安全,不存在发生爆炸的安全风险。　　　　　　　(　　)

10. 铅酸电池寿命比磷酸铁锂离子电池寿命长。　　　　　　　　　　(　　)

四、简答题

1. 试分析制浆工艺对浆料性能的影响。

2. 简述正极材料制浆的主要步骤。

3. 简述聚偏二氟乙烯在浆料中的作用。

4. 比较分析干法制浆和湿法制浆。

5. 简述浆料制备过程中的团聚现象和分散现象。

工作任务二

电芯涂布

任务描述

将制备完成的浆料,按照涂布工艺流程和产品规格要求,进行集流体涂布。

任务目标

1. 知识目标

(1)掌握涂布工艺流程。

(2)理解并分析锂离子电池中涂布工艺对电池性能的影响。

(3)掌握涂布机器的原理、结构、性能。

2. 技能目标

(1)能够熟练操作涂布机。

(2)能简要分析涂布后电池极片的理化性能。

(3)能初步分析涂布机不同参数对极片质量的影响因素。

(4)能够对涂布机进行简单的维护。

3. 素质目标

(1)具备新时代对优秀技术工人的素质与能力要求。

(2)树立工匠精神,培养社会责任感和职业道德。

建议课时

2~3 课时。

一、知识学习

（一）涂布基础知识

1. 涂布工艺

涂布是一种基于对流体物性的研究,将一层或者多层液体涂覆在一种基材上的工艺,然后涂覆的液体涂层经过烘箱干燥或者固化方式使之形成一层具有特殊功能的膜层。基材通常为柔性的薄膜或者衬纸,是将电极浆料均匀涂覆在金属集流体(正极用铝箔、负极用铜箔)上,经干燥后形成均匀的电极膜层。涂布工艺在锂离子电池电极制备过程中是核心工序,其核心原理包括以下几个要点。

（1）浆料制备与涂覆

浆料需具备适宜的流变特性,以确保涂布均匀性,涂布时通过特定技术将浆料铺展至集流体表面。

（2）干燥固化

溶剂通过热风、红外等方式蒸发,形成多孔结构的活性层,确保离子、电子的传输路径。

（3）关键控制参数

厚度与面密度:直接影响电池容量和能量密度。

均匀性:避免局部过厚或过薄导致的性能衰减或短路风险。

缺陷控制:如裂纹、气泡等需最小化。

2. 涂布技术分类

按涂布方法分类,主要技术包括以下几点。

（1）刮刀涂布

原理:浆料经刮刀与基材间的间隙形成涂层,间隙高度决定厚度。

特点:设备简单、成本低,但精度较低,适用于中低端或实验场景。

（2）狭缝挤压涂布

原理:浆料通过精密狭缝模具挤出,直接涂覆至基材,厚度由模具间隙与速度控制。

特点:精度高、一致性好,适合大规模量产,但设备复杂、维护成本高。

（3）转移涂布

原理:浆料先涂至转移辊,再通过压力转移到基材,适用于超薄或多层涂布。

特点:可调节涂层厚度,但工艺复杂,多用于特殊需求(如柔性电池)。

（4）喷涂

原理:浆料雾化后喷射至基材,形成非连续或图案化涂层。

特点:灵活性高,适合复杂形状或小批量,但效率低、材料浪费较多。

（5）浸渍涂布

原理:基材浸入浆料后提拉,依靠重力形成涂层。

特点:操作简单,但厚度控制差,多用于实验室或特殊材料。

（二）涂布设备

1. 涂布机工作原理

极片涂布设备的工作原理:将正极或负极等配方所需的材料均匀混合后涂覆或复合在铝箔或铜箔的正反面,如果需要,可以通过能量传导的方式使浆料中的溶剂挥发,以达到客户的技术要求,如图 1-13 所示。

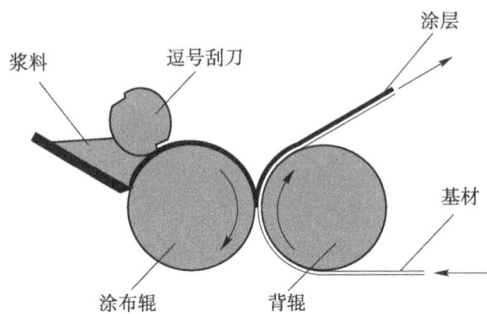

图 1-13 涂布机工作原理示意图

2. 涂布机主要结构

涂布机主要结构包括放卷单元、涂布单元、供料系统、间歇阀系统、干燥单元、出料单元、收卷单元,如图 1-14 所示。

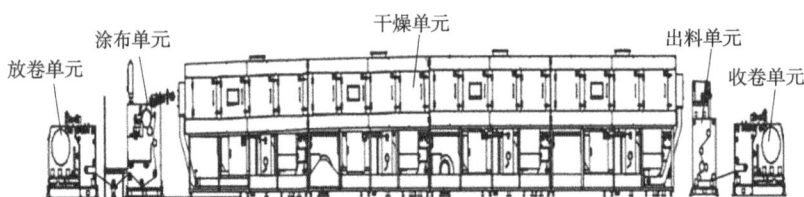

图 1-14 涂布机主要结构

（1）放卷单元

放卷方式有自动接带方式和手动接带方式两种。将生产的成卷材料安装于放卷轴上,经过纠偏及张力控制后,导入涂工部分。该装置的主要控制点为放卷纠偏及张力控制。

纠偏由专用的电子功率控制系统控制单元实现,利用超声波位置检测传感器(可实现对透明箔材的检测)实时检测材料边缘的位置,通过电机驱动放卷装置左右移动,以适合材料的边缘与纠偏传感器的相对位置恒定。

纠偏模式分为三种:①全自动纠偏,控制系统通电后即进入自动纠偏状态(根据纠偏传感器决定驱动电机的运动);②半自动纠偏,系统在自动运行时(涂布、牵引)进入自动纠偏状态,而处于停止状态时则进入手动纠偏状态;③手动纠偏,无论系统处于何种状态,纠偏机构仅可以手动点动操作。

张力控制分为浮辊位置控制和实际检测张力控制两部分。浮辊位置控制原理:当系统自动运行时,可编程逻辑控制器(PLC)根据电位器反馈的实时浮辊位置信号(0% ~ 100%),以 PID 算法调节放卷轴电机的转速,以达到浮辊位置恒定(默认设定位置为 50%)。

实际检测张力控制可分为三种调节模式,即手动设置电空变换阀的输出比例、开环给定电空变换阀、闭环给定电空变换阀。其中,系统自动运行后,会清除手动状态,切换到自动调节模式。闭环给定模式下,控制系统会根据实测的张力值及设定的张力值进行 PID 调节,直到实测值与设定值一致。

注意:仅当浮辊实际位置与设定位置的偏差在 ±20% 以内,闭环给定模式才起作用。

(2)涂布单元

涂布单元结构如图 1-15 所示。

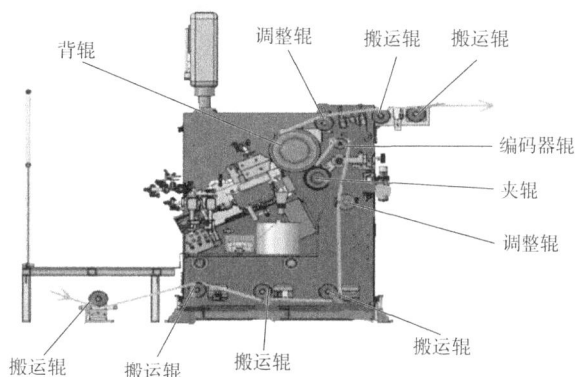

图 1-15　涂布单元结构

由放卷导入的材料进入涂布辊后,经过入料压辊进行张力隔离(放卷张力与出料张力隔离),再由涂布辊,最后导入干燥炉内。该装置的主要控制点为整机速度的稳定性、模头与背辊之间的缝隙值。

整机的线速度由背辊提供,速度由人机界面(HMI)设定,可分为涂布速度、倒带速度、点动速度。涂布速度是指系统涂布或者牵引时箔材的速度;倒带速度是指整机自动反转运行时的速度;点动速度是指手动点动某一个部件时的速度,如点动背辊、点动放卷轴。

模头与背辊之间的位移由两部分驱动。大范围移动通过气缸实现(前进、后退),精确定位由左右两侧的伺服马达驱动(高精度光栅尺检测实际的位移,分辨率 $0.1\mu m$)。

(3)供料系统

供料系统由储料罐、计量泵、除铁器、过滤器及连接的管道等组成,如图 1-16 所示。

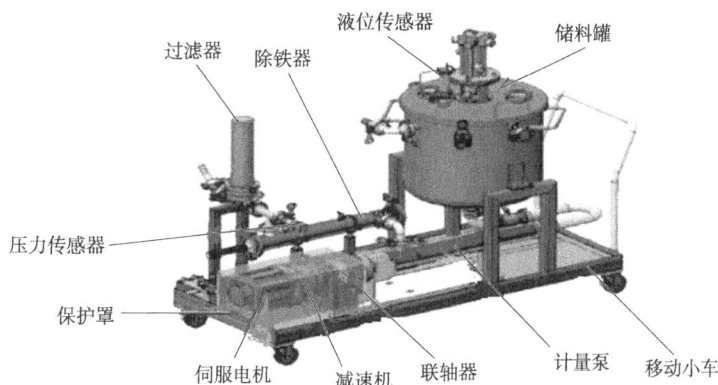

图 1-16　供料系统

首先将浆料加到储料罐中,在涂布开始后,储料罐里的浆料在计量泵的作用下,经过连接的管道,除铁器及过滤器进入狭缝式模块(SLOT DIE)进行涂布。在液位传感器检测到储料罐的浆料达到规定液位时,开始对储料罐进行加料。当浆料达到规定的液位时,液位传感器。

(4)间歇阀系统

间歇阀系统如图1-17所示。通过进料阀及回料阀实现对 SLOT DIE 的涂布供料,并监控涂布压力及回流压力,回流压力用于间歇涂布。

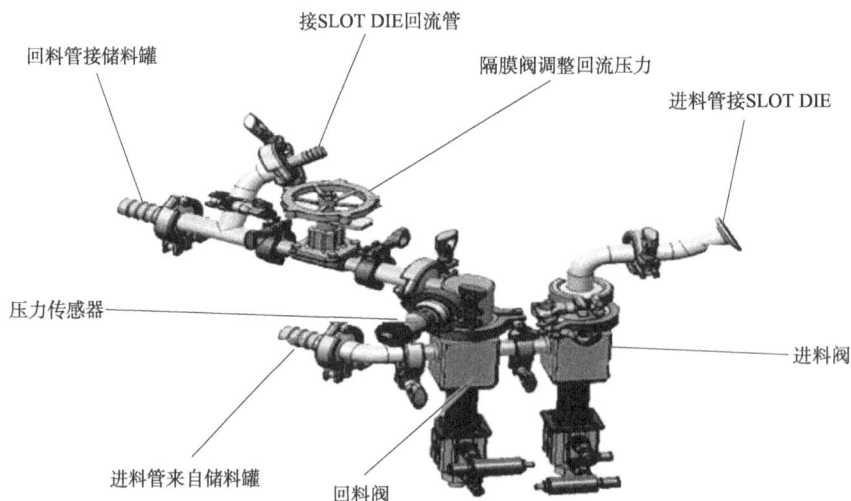

图1-17　间歇阀系统

(5)干燥单元

干燥原理:由涂布单元生产的含有液态溶剂成分的浆料和箔材一起进入干燥炉内,为了安全有效地蒸发溶剂,需要控制各段干燥炉的温度、送风量、排风量等。单节温控系统由加热和循环风机组成。风机由变频电机驱动,可通过频率的设定改变风量及风速(与频率成正比),通过传感器检测控温点的温度变化实现加热温度的恒定控制,从而保证干燥的质量;有时为了提高干燥的效率会使用辅助加热系统,如红外或者激光对其加热,前提是在保证安全的条件下,特别是有机溶剂的使用要符合国家安全规定。干燥原理示意图如图1-18所示。

(6)出料单元

出料单元主要结构如图1-19所示。

干燥后的箔材进入出料装置。由出料装置控制干燥炉内的张力及箔材边缘位置。该装置的主要控制点为干燥区域纠偏及张力。

出料张力控制为电机转速控制,根据目标张力和实测张力进行 PID 运算,并调节出料电机的转速,以此达到张力恒定的效果。

(7)收卷单元

收卷方式有自动接带方式和手动接带方式两种。图1-20所示为手动接带收卷单元。

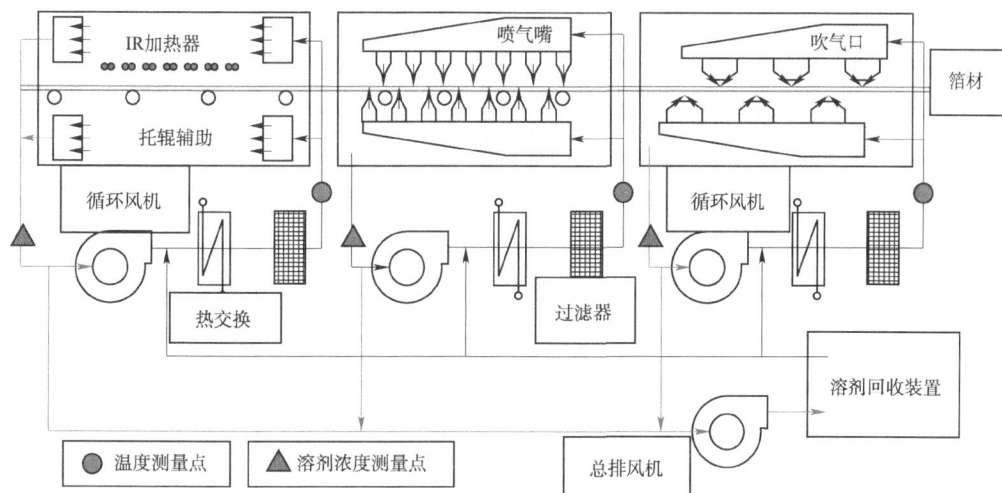

图 1-18　干燥原理示意图

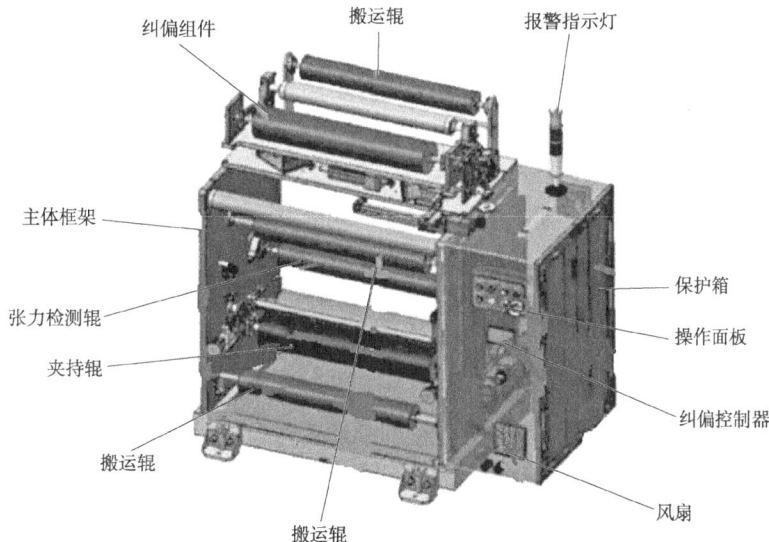

图 1-19　出料单元主要结构

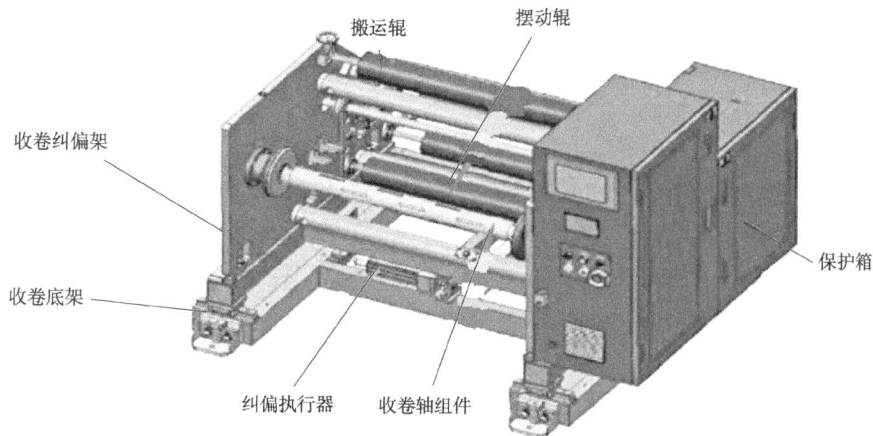

图 1-20　手动接带收卷单元

生产完成的卷材经过纠偏及张力控制后,导入收卷轴。该装置的主要控制点为收卷纠偏及张力。

在收卷过程中,为了使箔材层与层之间不打滑,防止材料收卷时过紧或者出现抽芯现象,需要对收卷张力进行锥度调节。

3. 涂布机操作流程

(1)运行准备阶段设备检查

①检查导辊清洁度、气动装置灵活性、轴承(传动)部件状态、电机(控制)设备功能、压力表(温度表)归零情况、安全防护装置(栏杆、踏板)是否牢固。

涂布工艺流程

②确认蒸汽管道阀门、热风系统阀门、烘箱疏水器及风机补充风门处于正确开启状态。

③检查涂布头气刀角度与间距,避免涂布不均。

(2)预热与启动

提前30min开启热风循环系统,预热烘箱至140°C左右;启动冷却水系统(收卷装置、空压机等)。

(3)引纸操作

确认原纸正反面无误,以低速(6~20m/min)启动设备引纸,保持纸幅张力均匀,避免跑偏或起皱;纸幅进入烘缸后,逐步开启烘箱、气刀及风机装置,并启动涂布头涂料循环。

(4)涂布参数设置

根据材料特性调整涂布速度(初始速度50~60m/min,逐步升速)、涂布厚度(通过气刀角度或上料辊转速调节)及涂料流量;监控涂布量均匀性,确保整幅涂布量符合工艺要求。

(5)运行监控与调整

实时监测,观察涂布效果(均匀性、气泡、固化状态),如发现异常应及时调整参数或清理涂布头;检查回料通畅性、原纸宽度与涂布宽度的适配性。

(6)故障处理

出现断纸,需缓慢停机(避免急停),抬起涂布压辊并清理残留涂料;异常情况(如风循环故障、电气系统等问题)需立即停机检修。

(7)停机与维护

停机顺序:关闭涂布供料系统→停止热风循环→关闭压缩空气→切断主电源;清理涂布头、导辊及工作台面残留涂料,避免堵塞或腐蚀。

(8)日常维护

定期检查传动部件润滑、电机状态及安全装置,记录运行参数与异常情况。

(9)关键注意事项

①安全防护:操作时穿戴防护手套、口罩,避免接触高温部件或带电设备。

②参数优化:涂布速度与厚度的平衡需结合材料特性(如胶水类型、基材吸水性)动态调整。

③应急响应:断纸或设备异响应按规程处理,并及时上报指导教师技术问题。

二、任务实施

锂离子电池极片涂布任务实施步骤见表1-3。

涂布实训

锂离子电池极片涂布任务实施步骤   表1-3

车间工作任务	锂离子电池极片涂布
生产岗位	涂布相关岗位
工艺路线	
原材料准备	制备完成的浆料
涂布设备准备检查	步骤1：设备安装环境温度应控制在 −2℃ ~60℃ 范围内，不能将设备放置在有灰尘或有严重腐蚀性气体的污染环境里；设备与周围设备的最小距离不得小于0.5m，以免影响操作和日常维护；设备应摆放稳靠，四脚不应有悬空现象，安装地点不能有经常性的振动，也不容许有严重撞击发生。 步骤2：检查各部分连接电缆是否连接正确。 步骤3：操作人员熟悉本设备操作步骤和各功能开关作用后方可上机操作，以防不当操作造成人员和设备损伤
涂布操作	步骤1：预热与启动。提前30min开启热风循环系统，预热烘箱温度140℃左右；启动冷却水系统（收卷装置、空压机等）。 步骤2：引纸操作。确认原纸正反面无误，以低速（6~20m/min）分启动设备引纸，保持纸幅张力均匀，避免跑偏或起皱；纸幅进入烘缸后，逐步开启烘箱、气刀及风机装置，并启动涂布头涂料循环。 步骤3：涂布参数设置。根据材料特性调整涂布速度（初始速度50~60m/min，逐步升速）、涂布厚度（通过气刀角度或上料辊转速调节）及涂料流量；监控涂布量均匀性，确保整幅涂布量符合工艺要求
极片性能检测	涂布后锂离子电池极片性能检测有孔隙率、涂层密度（压实密度和平均密度）、电子导电率、电化学有效面积、水分含量等
车间管理	8S管理

三、任务评价

电芯涂布理实一体化任务评价表见表1-4。

电芯涂布理实一体化任务评价表   表1-4

班级		成员	
组号		时间	
自我评价			

评价指标	评价要素	评价标准	总分(分)	得分(分)
课前工作	网络资源查找	总分10分，按要求查找相应的资料得10分，查找资料不全按相应的查找情况得2~8分，未按要求查找不得分	10	
	课前资源学习及课前测试	总分10分，按照云班课上资源学习的完成情况及课前测试得分给出相应的分值	10	

续上表

评价指标	评价要素	评价标准	总分(分)	得分(分)
参与状态	出勤情况	总分10分,迟到或早退的每次扣2分,缺勤每次扣10分	10	
	协作交流情况	总分15分,按照能积极开展交流协作、能参与到其他同学的交流协作及通过教师引导参与同学交流协作3个档次分别得15分、10分、5分	15	
	积极思考,主动和教师交流	总分10分,基础分6分,每次和教师交流加2分	10	
	深入思考,发现问题	总分15分,基础分6分,每次发现相关问题并和教师交流加2分	15	
	遵守课堂纪律	总分10分,每违反一次课堂纪律扣2分,直至扣完	10	
任务完成情况	工作计划	总分10分,按照工作计划制订的完整度和合理性分别得2~10分,未制订工作计划不得分	10	
	工作任务	总分10分,能够按计划完成相关工作任务得10分,每超过计划5min扣2分	10	
总分		权重分(20%)		

个人自评:

组内互评

评价指标	评价要素	评价标准	总分(分)	得分(分)
课前工作	团队协作查找信息	总分10分,在课前能和小组成员一起查找资料,汇总资料,请按照参与程度分别得2~10分,若未参与得0分	10	
参与状态	小组讨论	总分15分,在小组学习过程中能积极参加讨论,按参与度得5~10分,若在讨论过程中有建设性意见每次加2分	15	
	小组协作	总分15分,在需要小组成员协作解决问题时,能积极参与,按照参与程度得5~10分,若在此过程中主持小组协作每次加2分	15	
	小组汇报	总分15分,按照汇报的情况,进行小组汇报的成员得10~15分,协助进行汇报的成员得5~10分	15	
	纪律问题	总分15分,遵守课堂纪律,尊重小组成员和相应的工作成果,如出现违反课堂纪律不尊重小组成员及劳动成果的现象,每次扣2分	15	

评价指标	评价要素	评价标准	总分(分)	得分(分)
任务完成情况	工作任务	总分15分,认真与团队协作,按时按质完成工作任务。按照他对团队的贡献从低到高分别得分打分5分、10分、15分	15	
	收尾工作	总分15分,在任务完成后按照相关要求进行物品规整、资料整理等工作,按照参与度分别给予5分、10分、15分	15	
总分		权重分(20%)		
组员评价:				

教师评价				
序号	任务	评价要点	配分(分)	得分(分)
1	准备涂布材料	描述材料组成	20	
2	涂布过程	描述涂布工艺方法	20	
3		描述涂布过程	20	
4	涂布工艺对电芯的影响因素	简述有哪几种影响及原因	10	
5	电芯检测	是否合格	5	
6	涂布	操作	10	
7	安全要求	遵守安全规则	5	
8	环保要求	保护环境	5	
9	思政要求	精神素养	5	
考核团队				
总分		权重分(60%)		
总得分				
教师评价:				

四、拓展阅读

陈立泉："中国锂离子电池之父"

84 岁的陈立泉被誉为"中国锂离子电池之父",在中国锂离子电池领域取得突破性成就。作为中国工程院院士和中国科学院物理研究所研究员,陈立泉他致力于锂离子电池研究已有 48 年之久。陈立泉开创了我国固态离子学研究的新领域,荣获多项殊荣,如国家自然科学奖一等奖、何梁何利基金科学与技术进步奖等。他被誉为我国锂离子电池领域的奠基者、开拓者和引领者。

陈立泉率领团队获得 2023 年度中国科学院科技促进发展奖。尽管荣誉已不再是他关注的焦点,但他仍期待"电动中国"的梦想尽快实现。20 世纪 90 年代,锂离子电池产业迅速发展,陈立泉决定采取分步走策略,先从液态锂离子电池技术突围,再致力于全固态研发,使中国锂离子电池产业保持国际领先地位。

陈立泉在中国建立了圆柱电池实验线,成功生产第一颗国产圆柱锂离子电池,其性能达到国际先进水平。通过与企业合作,他建成年产 20 万只 18650 型锂离子电池的生产线,解决了规模化生产的关键技术问题。陈立泉坚持自主研发,注重基础研究与创新,为中国锂电产业突围奠定坚实基础。1997 年,他在国际上首次提出用纳米硅作为锂离子电池负极材料,并成功申请专利,确保我国在该领域拥有独立自主的知识产权。

陈立泉在锂离子电池领域的卓越贡献不仅体现在中国锂离子电池的突围历程中,还深刻影响着中国新能源产业的发展。作为推动者和合作者,他在宁德新能源科技有限公司(CATL)的创办和发展过程中发挥了关键作用。在面对日韩企业的领先优势时,陈立泉与 CATL 团队一起奋斗,立下誓言要从 CATL 开始实现中国锂离子电池的突围。他担任 CATL 技术发展领军人物,在团队中推动合适的技术路线选择,促进公司与研究机构和高校的合作,培养输送技术人才。

通过 CATL 和一批其他企业的联手合作,我国现已成为动力和储能锂离子电池市场的全球领先者。陈立泉认为,实现中国的弯道超车需要发展固态锂离子电池技术。他与 CATL 团队耗时 38 年,于 2016 年首创"原位固态化"技术路线,率先解决了固相界面难题,开发了具有独立知识产权的固态锂离子电池技术,并成立了生产固态锂离子电池的北京卫蓝新能源科技有限公司。他致力于推动"电动中国"战略,将锂离子电池作为实现电动化梦想的关键。他希望未来地面上的汽车、高铁,天空中的飞机,海洋上的船舶都能实现电动化运行,将固态锂离子电池技术推向领先地位,为实现"电动中国"的愿景奠定基础。

五、学习测试

一、单选题

1. 下列材料中高温性能最差的是(　　　)。

　　A. 钴酸锂　　　　B. 锰酸锂　　　　C. 三元材料　　　D. 磷酸铁锂

2. 下列材料中低温性能最差的是(　　　)。

    A. 钴酸锂　　　　　B. 锰酸锂　　　　　C. 三元材料　　　　D. 磷酸铁锂

3. 石墨烯导电剂导电模式是(　　　)。

    A. 点-点接触　　　B. 点-线接触　　　C. 点-面接触　　　D. 点-体接触

4. 目前商业化正极材料中比容量最高的材料是(　　　)。

    A. NCM811　　　　B. NCM622　　　　C. NCM523　　　　D. NCA

5. 严格来说,镍钴铝酸锂的材料类型是(　　　)。

    A. 一元材料　　　　B. 二元材料　　　　C. 三元材料　　　　D. 不确定

6. 下列选项中不是正极材料关注的理化指标的是(　　　)。

    A. 粒径　　　　　　B. 比表面积　　　　C. 灰分　　　　　　D. pH

7. 电芯最难通过的安全测试是(　　　)。

    A. 针刺　　　　　　B. 挤压　　　　　　C. 热冲击　　　　　D. 短路

8. 在软包电池制程中,下列步骤中电芯能量密度变化最大的是(　　　)。

    A. 叠片　　　　　　B. 注液　　　　　　C. 封装　　　　　　D. 极耳焊接

9. 以下选项中不能改善电芯高温胀气的是(　　　)。

    A. 严格控制水分　　　　　　　　　　B. 低温化成

    C. 更小粒径的活性物质　　　　　　　D. 添加剂与水、氢氟酸反应的添加剂

10. 以下选项中不属于涂布异常的是(　　　)。

    A. 极片开裂　　　　B. 收卷鼓边　　　　C. 大电流化成　　　D. 面密度不一致

二、多选题

1. 锂离子电池正极材料根据其晶体结构差异可分为(　　　)。

    A. 层状结构氧化物　　　　　　　　　B. 橄榄石结构磷酸盐

    C. 尖晶石氧化物　　　　　　　　　　D. 孪晶碳酸盐

2. 影响锂离子电池工作能量密度的主要因素是正极材料的(　　　)。

    A. 可逆克容量发挥　　　　　　　　　B. 单位质量锂含量

    C. 离子电导率　　　　　　　　　　　D. 电压平台

3. 下列正极材料中,属于层状结构氧化物的是(　　　)。

    A. 钴酸锂　　　　　B. 磷酸铁锂　　　　C. 镍钴锰酸锂　　　D. 锰酸锂

4. 钴酸锂的优点是(　　　)。

    A. 粉体压实密度高　　　　　　　　　B. 体积能量密度大

    C. 安全无毒　　　　　　　　　　　　D. 锂离子迁移速度快

5. 关于商用钴酸锂的制备,下列说法正确的是(　　　)。

    A. 锂源通常为碳酸锂　　　　　　　　B. 烧结反应需要氧气参与

    C. 烧结后的粉体可以直接使用　　　　D. 钴源通常为四氧化三钴

三、判断题

1. 软包电池指的是质地较软、形变较大的电池。　　　　　　　　　　　(　　　)

2. 凝胶聚合物电解质隔膜体系中不包括 PMM、PE/PPC、PAN。　　　　(　　　)

3. 钛酸锂与石墨相比,钛酸锂快充能力更强。 （　　）

4. 同一款电池在不同温度条件下放电性能一样。 （　　）

5. 磷酸铁锂相比于三元材料,理论比容量更高。 （　　）

6. 软包电池封装时,应考虑环境温度。 （　　）

7. 钴酸锂是正极材料中真密度最大的。 （　　）

8. 三元材料中成本最贵的元素是钴。 （　　）

9. 电芯烘烤是为了杀菌。 （　　）

10. 中间相碳微球比表面积较小。 （　　）

四、简答题

1. 制备的浆料对涂布工艺质量的影响分析。

2. 涂布过程中如何控制极片质量？

3. 极片物理检测中发现质量问题该如何处理？

4. 涂布机维护工序。

5. 在 NCA（镍钴铝电池）体系的生产过程中应重点控制哪些因素？

6. 简述涂布机的主要结构。

7. 涂布过程中怎么减少团聚颗粒的数量？

8. 试分析涂布不均匀形成原因。

工作任务三

极片辊压

任务描述

将涂布完成的集流体按照产品规格要求,进行精确涂布辊压。

任务目标

1. 知识目标

(1)掌握辊压工艺的原理与流程。

(2)掌握常见辊压机的主要结构、工作原理。

(3)掌握辊压机维护、常见故障的排除。

2. 技能目标

(1)能按照工艺流程和设备说明书正确操作辊压机。

(2)会检测辊压后的锂离子电池极片质量。

(3)会撰写统计辊压有关数据报告。

3. 素质目标

(1)培育爱岗敬业、守正创新的大国工匠态度和作风。

(2)培养成为符合时代特征、具备专业素养的一流技术人才。

建议课时

2~3课时。

一、知识学习

（一）极片辊压基础知识

将涂布完成的锂离子电池极片,经过一定间隙下、一定压力下的两个钢辊,将极片压实到指定厚度,此过程称为辊压。辊压工艺是锂离子电池制造过程中的关键环节,直接影响电池的性能和安全性。在实际操作过程中,严格控制辊压工艺的各项参数和操作步骤至关重要。本任务将重点讨论辊压工艺中需要关注的几个重要方面,以期提高电池性能和安全性。

1.电池极片辊压原理

辊压的目的在于使活性物质与箔片结合更加质密、厚度均匀。辊压工序在涂布完成且必须在极片烘干后进行,否则辊压过程中容易出现掉粉、膜层脱落等现象。电池极片为正反两面涂有电性浆料颗粒的铜箔(铝箔)。电池极片带经过涂布和烘干两道工序后进行辊压。辊压前,铜箔(铝箔)上的电性浆料涂层是一种半流动、半固态的粒状介质,由不连接的或弱连接的一些单独颗粒或团粒组成,具有一定的分散性和流动性。电性浆料颗粒之间存在空隙,这也就保证了在辊压过程中,电性浆料颗粒能发生小位移运动填补其中的间隙,使其在压实下进行相互定位。电池极片辊压堪称是一种在不封闭状态下的半固态电性浆料颗粒的连续辊压过程,电性浆料颗粒附着在铜箔(铝箔)上,靠摩擦力不断被咬入辊缝之中,并被辊压压实成具有一定致密度的电池极片。辊压原理示意图如图1-21所示。

电池极片是将化合物浆料涂在铝箔或铜箔等基材上电池极片辊压是将极片上的电性浆料颗粒压实,其目的是增加电池极片的压实密度,而合适的压实密度可增加电池的放电容量,减小内阻,延长电池的循环寿命。电性浆料颗粒受压后产生位移和变形,极片相对密度随压力的变化有一定的规律。极片相对密度随接触压力变化示意图如图1-22所示。

辊压基本原理

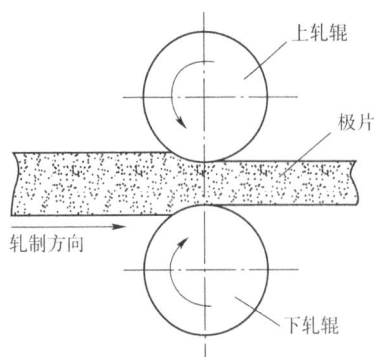

图1-21　辊压原理示意图

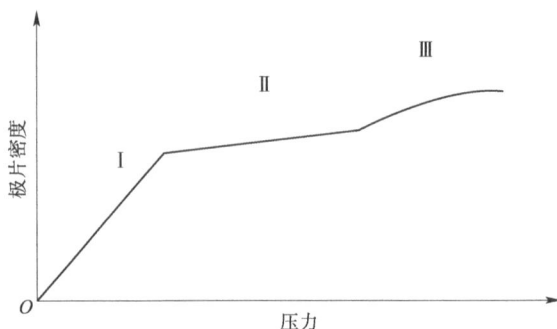

图1-22　极片相对密度随接触压力变化示意图

在区域Ⅰ内,随着接触压力不断增大,电性浆料颗粒开始产生小规模的位移,并且位移范围在逐渐增大,此时电性浆料颗粒之间的间隙逐渐被填充,具体表现为极片带的相对密度随接触压力的增大缓慢增加。

在区域Ⅱ内,电性浆料颗粒经过区域Ⅰ内的密度小规模提高后,随着接触压力的增大,电性浆料颗粒开始继续填充颗粒之间的间隙,经过区域Ⅱ内的辊压后,颗粒间的间隙已被挤压密实,此时具体表现为极片带的相对密度随接触压力的增大迅速增加,相对密度提高速度远远高于区域Ⅰ阶段,同时在区域Ⅱ内伴随着电性浆料颗粒的部分变形。

在区域Ⅲ内,经过区域Ⅱ内电性浆料颗粒之间空隙被填充满后,颗粒不会再产生位移,但是随着接触压力的增大,电性浆料颗粒开始产生大变形,此时,极片带的相对密度随接触压力的增大不会再迅速增加,极片带出现硬化现象,因此极片带相对密度变化变为平缓曲线。

2. 辊压质量影响因素

辊压质量的影响因素主要包括以下几点。

(1)辊轮的压力和速度

辊轮的压力和速度是影响辊压工艺效果的重要因素。若辊轮的压力过大会导致材料变形过度;而辊轮的速度过快则可能导致材料压实不够,从而影响辊压质量。

(2)材料的性质

材料的性质会影响辊压质量。不同的材料具有不同的压实密度,需要选择合适的辊压参数进行处理。

(3)辊压机的性能

辊压机的性能是影响辊压质量的关键因素。如果辊压机的性能不佳,可能导致辊压过程中出现问题,从而影响辊压质量。

(二)辊压设备

1. 辊压机基本结构

标准配置高精度辊压机为立式安装口字形机架、两辊上下水平布置、下置液压缸向上施压、伺服电机减速器调整辊缝、整体底座、双输出轴减速机分速器通过万向联轴器传动的高精度电池极片辊压机。该辊压机主要由机架、轧辊、主传动等部分组成。机架为整个系统的基础,需要有足够的刚度和强度,以减小变形。液压装置通过轴承座将辊压力施加到轧辊上,电机和减速机可以使两轧辊实现同步转动,为轧辊提供扭矩,以保证连续辊压过程的实现。辊缝调整机构由两个调隙斜铁组成,调整两轧辊之间的缝隙,以满足不同极片的厚度要求。标准型辊压机结构示意图如图1-23所示。

2. 辊压过程

完整的电池极片轧机系统包括轧机轧辊的装卸过程和极片生产过程。在轧机轧辊装卸过程中更多的是需要工人的配合进行操作,而涉及电气方面的控制较少。在极片生产辊压过程中,整个生产过程可以概括为正常生产过程初始化、手动穿带、预生产、连续生产、成品验收五个阶段。

①在正常生产过程初始化阶段,操作工人需要进行以下操作:将收放卷气胀轴复位、夹紧装置气缸复位,通过对纠偏电机的控制对收放卷纠偏归中。

②在手动穿带阶段,确保收卷电机、轧辊电机、气液增压泵等执行元件处于断电状态,通过控制气胀轴及夹紧装置完成穿带,并对极片进行调整,预调张力,并根据要求对辊缝、辊压力进行初始化设置。

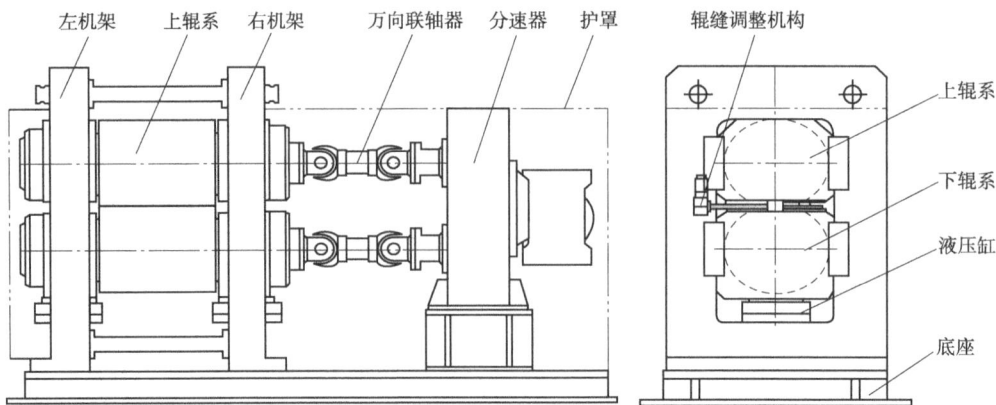

图 1-23 标准型辊压机结构示意图

③在预生产阶段,设备以低速进行生产,若生产出的极片符合标准,则进入连续生产阶段,若生产出的极片不符合标准,则需要停止生产,重新调整进行初始化。

④在连续生产阶段,放卷系统、辊压系统、收卷系统三部分协调配合完成生产。放卷机构,通过张力传感器检测放卷处张力,控制器调节磁粉制动器的转矩,保证恒张力放卷。收卷机构,通过张力传感器检测收卷处张力,控制器调节变频器控制收卷电机的转速,保证张力在合理范围内。辊压机构,极片轧机的辊压速度决定生产线的生产速度,正常运行状态下,辊压速度不需要实时改变,如果想要改变其生产速度,则需要通过调节变频器改变主电机速度。辊缝调节系统,当辊缝不符合要求时,通过对伺服电机进行调节实现对辊缝的调节。辊压力是保证在辊压过程中,保证系统具有恒定的辊压力,通过压力传感器检测当前的辊压力,并由控制器控制气阀、油阀进行压力调节实时修正。

⑤成品验收阶段,主要包括外观质量验收、尺寸精度验收、电化学性能验收、物理性能验收等方面。通过以上验收体系的实施,可有效将锂离子电池辊压工序的不良率控制在 0.1% 以下,支撑电池产品实现能量密度大于或等于 300Wh/kg、循环寿命大于或等于 2000 次的高性能目标。

3. 辊压机操作流程

(1)准备工作

清洁设备:在使用前,用无水乙醇将辊压机的轧辊和收放卷机构清理干净,确保没有油层和其他杂质。

检查设备:确认辊压机的各项功能模块正常工作,包括轧辊压力调整、轧辊间隙调整、自动纠偏机构等。

辊压实训

(2)安装极片

放卷:将涂布完成的极片固定于放卷机构上,确保极片正确穿过双辊间隙。

连接收卷系统:将极片的另一端连接到收卷系统,确保极片在辊压过程中平稳运行。

(3)调整参数

压力调整:根据极片的材质和厚度,调整两只轧辊之间的压力。适当的压力可以确保极片的压实密度和厚度均匀。

间隙调整:调整两只轧辊之间的间隙,以获得所需的极片厚度。调整后需要准确复位,

确保厚度一致性。

速度和温度控制:设定合适的辊压速度和温度,以确保极片的质量稳定。

(4)启动辊压

预热:如果使用热辊压工艺,需要提前预热轧辊,确保温度达到设定值。

开始辊压:启动辊压机,使极片通过轧辊进行辊压。监控极片的运行情况,确保没有异常。

实时监控:在辊压过程中,实时监控极片的厚度、密度和表面质量,及时调整参数。

(5)收卷与检查

收卷:将辊压后的极片收卷,确保收卷整齐,无松散或扭曲现象。

质量检查:对辊压后的极片进行质量检查,包括厚度均匀性、表面粗糙度、压实密度等。

记录数据:记录辊压过程中的各项参数和检查结果,以便后续分析和改进。

(6)维护

清理设备:辊压结束后,再次清理轧辊和收放卷机构,清除残留物,避免影响下次使用。

检查磨损:定期检查轧辊的磨损情况,必要时进行更换或维修。

润滑维护:对设备进行必要的润滑维护,确保各部件运转顺畅。

4. 辊压机连续生产性能指标

(1)放卷机主要技术参数

①放卷轴:带控制阀气胀轴(3in,1in≈0.254m)。

②最大承载能力:600kg。

③最大放卷直径:ϕ600mm。

④张力:10~200N(可调)。

⑤纠偏设备:光电纠偏。

(2)除尘装置主要技术参数

除尘风斗气缸:缸径 ϕ25mm,行程80mm。

(3)轧机主要技术参数

①设备整体尺寸:约 3.6m×1.7m×2.6m(高度不含换辊支架尺寸0.4m)。

②机架:"口"字形刚性铸造结构。

③轧辊副工作尺寸:ϕ800mm×800mm(直径×长度)。

④轴承座:整体铸造45号钢刚性结构。

⑤主轴承:四列圆柱滚子轴承。

⑥减速机:螺旋锥齿轮减速机。

⑦主电机功率:55kW(380V,50Hz)。

⑧辊压线速度:5~60m/min(变频调速)。

⑨油缸:缸径(ϕ250mm),行程(25mm),2支。

(4)机械式测厚装置主要技术参数

①测厚仪表:数显千分表。

②测量精度:±0.001mm。

③厚度范围:0~5mm。

④测量宽度范围:最大值750mm。

(5)收卷机主要技术参数

①收卷轴:带控制阀气胀轴3in。

②最大收卷直径:φ600mm。

③收卷电机功率:1.5kW。

④张力:10~200N(可调)。

⑤纠偏边缘控制:≤±0.1mm。

二、任务实施

锂离子电池极片辊压任务实施步骤见表1-5。

锂离子电池极片辊压任务实施步骤 表1-5

车间工作任务	锂离子电池极片辊压
生产岗位	辊压相关岗位
工艺路线	
原材料准备	上一步涂布完成的锂离子电池极片
辊压设备准备检查	步骤1:设备安装环境温度应控制在-20~60℃范围内,不能将设备放置在有灰尘或有严重腐蚀性气体的污染环境里,设备与周围设备的最小距离不得小于0.5m,以免影响操作和日常维护;设备应摆放稳靠,四脚不应有悬空现象,安装地点不能有经常性的振动,也不容许有严重撞击发生。 步骤2:检查各部分连接电缆是否连接正确。 步骤3:操作人员熟悉本设备操作步骤和各功能开关作用后方可上机操作,以防操作不当造成人员和设备损伤
辊压操作	步骤1:在正常生产过程初始化阶段,需要将收放卷气胀轴复位、夹紧装置气缸复位,通过对纠偏电机的控制对收放卷纠偏归中。 步骤2:在手动穿带阶段,确保收卷电机、轧辊电机、气液增压泵等执行元件处于断电状态,通过控制气胀轴及夹紧装置完成穿带,对极片进行调整,预调张力,并根据要求对辊缝、辊压力进行初始化设置。 步骤3:在预生产阶段,设备以低速进行生产,若生产出的极片符合标准,则进入连续生产阶段,否则停止生产,重新调整进行初始化。 步骤4:在连续生产阶段,放卷系统、辊压系统、收卷系统三部分协调配合完成生产。放卷机构,通过张力传感器检测放卷处张力,控制器调节磁粉制动器的转矩,保证恒张力放卷。收卷机构,通过张力传感器检测收卷处张力,控制器调节变频器控制收卷电机的转速,保证张力在合理范围内。辊压机构,极片轧机的辊压速度决定生产线的生产速度,正常运行状态下,辊压速度不需要实时改变,如果需要改变其生产速度,通过调节变频器改变主电机速度。辊缝调节系统,当辊缝不符合要求时,通过对伺服电机进行调节实现对辊缝的调节。辊压力是保证在辊压过程中,保证系统具有恒定的辊压力,通过压力传感器检测当前的辊压力,并由控制器控制气阀、油阀进行压力调节实时修正。 步骤5:成品验收阶段主要包括外观质量验收、尺寸精度验收、电化学性能验收、物理性能验收等方面。通过以下验收体系的实施,可有效将锂离子电池辊压工序的不良率控制在0.1%以下,支撑电池产品实现能量密度≥300Wh/kg、循环寿命≥2000次的高性能目标
极片性能检测	辊压后锂离子电池极片性能检测一般有孔隙率、涂层密度(压实密度和平均密度)、电子导电率、电化学有效面积、水分含量等
车间管理	8S管理

三、任务评价

极片辊压理实一体化任务评价表见表1-6。

极片辊压理实一体化任务评价表　　　　　　　　　　　表1-6

班级		成员			
组号		时间			
自我评价					
评价指标	评价要素	评价标准		总分(分)	得分(分)
课前工作	网络资源查找	总分10分,按要求查找相应的资料得10分,查找资料不全按相应的查找情况得2~8分,未按要求查找不得分		10	
	课前资源学习及课前测试	总分10分,按照云班课上资源学习的完成情况及课前测试得分给出相应的分值		10	
参与状态	出勤情况	总分10分,迟到或早退,每次扣2分,缺勤每次扣10分		10	
	协作交流情况	总分15分,按照能积极开展交流协作、能参与到其他同学的交流协作及通过教师引导参与同学交流协作3个档次分别得15分、10分、5分		15	
	积极思考,主动和教师交流	总分10分,基础分6分,每次和教师交流加2分		10	
	深入思考,发现问题	总分15分,基础分6分,每次发现相关问题并和教师交流加2分		15	
	遵守课堂纪律	总分10分,每违反一次课堂纪律扣2分,直至扣完		10	
任务完成情况	工作计划	总分10分,按照工作计划制订的完整度和合理性分别得2~10分,未制订工作计划不得分		10	
	工作任务	总分10分,能够按计划完成相关工作任务得10分,每超过计划5min扣2分		10	
总分			权重分(20%)		
个人自评:					

续上表

组内互评					
评价指标	评价要素	评价标准		总分(分)	得分(分)
课前工作	团队协作查找信息	总分10分,课前能和小组成员一起查找资料,汇总资料,请按照参与程度分别得2~10分,若未参与得0分		10	
参与状态	小组讨论	总分15分,在小组学习过程中能积极参加讨论,按参与度得5~10分,若在讨论过程中有建设性意见每次加2分		15	
	小组协作	总分15分,在需要小组成员协作解决问题时,能积极参与,按照参与程度得5~10分,若在此过程中主持小组协作每次加2分		15	
	小组汇报	总分15分,按照汇报的情况,进行小组汇报的成员得10~15分,协助进行汇报的成员得5~10分		15分	
	纪律问题	总分15分,遵守课堂纪律,尊重小组成员和相应的工作成果,如出现违反课堂纪律不尊重小组成员及劳动成果的现象,每次扣2分		15	
任务完成情况	工作任务	总分15分,认真与团队协作,按时按质完成工作任务。按照他对团队的贡献从低到高分别得5分、10分、15分		15	
	收尾工作	总分15分,在任务完成后能按照相关要求进行物品规整、资料整理等工作,按照参与度分别得5分、10分、15分		15	
总分		权重分(20%)			

组员评价:

教师评价				
序号	任务	评价要点	配分(分)	得分(分)
1	准备辊压材料	描述材料组成	10	
2	辊压过程	描述辊压工艺方法	20	
3		描述辊压过程	20	
4	辊压对电芯的影响因素	简述有哪几种影响及原因	10	
5	电芯检测	是否合格	10	
6	辊压	操作	10	
7	安全要求	遵守安全规则	10	
8	环保要求	保护环境	5	
9	思政要求	精神素养	5	
考核团队				
总分		权重分(60%)		
总得分				

教师评价:

四、拓展阅读

黄学杰：锂离子电池领域的科研先锋

黄学杰，1966 年 7 月出生于安徽桐城，是锂离子电池领域的杰出科研工作者，为中国乃至全球电池技术的发展做出了卓越贡献。

1986 年，他从厦门大学化学系物构专业毕业，获得学士学位，随后在 1989 年于中国科学技术大学三系化学物理专业取得硕士学位。1993 年，他成功斩获荷兰 Delft 技术大学化工与材料系无机材料专业的工学博士学位。1994—1995 年，他在德国 Kiel 大学工学院进行博士后研究工作。丰富的求学与科研经历，为他后续的科研工作奠定了坚实基础。

在科研生涯中，黄学杰取得了众多令人瞩目的成就。他率先将固体离子学与纳米科学技术结合，开展纳米储锂材料的研究，建立起高容量负极材料的研究基础，在纳米储能材料研究领域处于国际前沿。他发表的有关纳米氧化锡储锂机理的研究论文，被美国科学信息研究院(ISI)评选为经典论文，在美国跨部门纳米科技工作小组 1999 年度报告《纳米科技未来研究方向》中，也引用了其相关研究结果。

自 1996 年起，黄学杰担任课题组长，主持中国科学院物理研究所锂离子电池及其关键材料的研究、开发与产业化工作。他不仅提出了氧化物正极材料表面改性技术，率先开展高电压钴酸锂的研究和耐高温循环的尖晶石锰酸锂的研究，还发展出高功率纳米磷酸铁锂材料和电池技术，并应用于纯电动和混合动力电动汽车。在国际著名科学期刊上，他发表了学术论文 402 篇，论文被他人引用了 32769 余次，他还申请发明了专利 129 项，这些研究成果极大地推动了锂离子电池技术的进步。

黄学杰不仅专注于科研，还积极投身于科研成果转化与产业发展。2003 年，他创立了苏州星恒电源股份有限公司，设计出新的工艺和装备，实现了锂离子动力电池的产业化。此外，他还发起设立了多家公司，促进了科研与产业的深度融合。

黄学杰的贡献得到了广泛认可。他获得中国科学院科技进步二等奖、求是杰出青年奖、中科院杰出青年奖等多项荣誉。如今，他担任中国科学院物理研究所研究员、博士生导师、松山湖材料实验室副主任并兼任锂离子团队负责人，还在多个行业协会和学术组织中担任重要职务，如中国电池工业协会副理事长等。未来，黄学杰将继续在锂离子电池领域发光发热，为行业发展带来更多的突破与创新。

五、学习测试

一、单选题

1. 正极集流体(基体)一般采用(　　　)。

    A. 铜箔　　　　　　　B. 铝箔　　　　　　　C. 钢箔　　　　　　　D. 镍箔

2. 铝塑膜结构组成中金属铝的作用是(　　　)。

    A. 黏合　　　　　　　B. 热熔复合　　　　　C. 拉伸形变　　　　　D. 隔绝空气

3. 下列性能可以表征电池使用次数的是(　　)。

　　A. 容量　　　　　　B. 电压　　　　　　C. 内阻　　　　　　D. 循环寿命

4. 下列选项中不是软包电池组成成分的是(　　)。

　　A. 钢壳　　　　　　B. 导电剂　　　　　　C. 黏结剂　　　　　　D. 基材

5. 锂离子电池的主要安全风险是(　　)。

　　A. 过充　　　　　　B. 过放　　　　　　C. 短路　　　　　　D. 以上都正确

6. 下列选项中,比表面积最大的是(　　)。

　　A. super P　　　　　B. 碳纳米管　　　　C. 石墨烯　　　　　　D. 石墨

7. 以下负极材料具有"零应变性"的是(　　)。

　　A. 硬碳　　　　　　B. 鳞片石墨　　　　C. 硅　　　　　　　　D. 钛酸锂

8. 石墨负极在嵌锂前后体积膨胀约为(　　)。

　　A. 5%　　　　　　B. 10%　　　　　　C. 15%　　　　　　D. 20%

9. 以下材料最不适合作为负极材料的是(　　)。

　　A. 鳞片石墨　　　　B. 微晶石墨　　　　C. 钛酸锂　　　　　　D. 硅碳负极

10. 低温下对锂离子电池充电,最需要担心的是(　　)。

　　A. 电解液挥发　　　B. 铝毛现象　　　　C. 银迁移　　　　　　D. 析锂

二、多选题

1. 以下因素会导致电芯水分较高的是(　　)。

　　A. 空气中的水分　　　　　　　　　　B. 人体带来的水分

　　C. 雨天的湿衣服　　　　　　　　　　D. 洗手后未擦干进去车间

2. 水分含量超标可能对电池性能造成的影响是(　　)。

　　A. 低容　　　　　　B. 高内阻　　　　　C. 循环变差　　　　　D. 电池鼓包

3. 下列选项是锂离子电池相对铅酸电池优势的是(　　)。

　　A. 高能量密度　　　B. 高电压平台　　　C. 有记忆效应　　　　D. 长循环寿命

4. 锂离子电池对电解液的要求主要有(　　)。

　　A. 有较高的介电常数　　　　　　　　B. 有流动性

　　C. 对其他组件是惰性的　　　　　　　D. 熔点低

5. 电解液的组成成分包括(　　)。

　　A. 溶剂　　　　　　B. 锂盐　　　　　　C. 添加剂　　　　　　D. 磷酸铁锂

三、判断题

1. 隔膜对电子和锂离子都是导通的。　　　　　　　　　　　　　　　　(　　)

2. 正常工作的锂离子电池的充放电电压为 1.5～4.2V。　　　　　　　　(　　)

3. 锂离子电池在充电过程中,正极和负极电位都上升。　　　　　　　　(　　)

4. 对极片进行辊压是为了下一步工序的生产。　　　　　　　　　　　　(　　)

5. 锂离子电池电解液中的介电常数大一些较好。　　　　　　　　　　　(　　)

6. 用 C/2 比用 2C 电流倍率对锂离子电池充电,电池产生的极化更大。　(　　)

7. 当黏度为 6000cps 时,需要使用 3 号转子。　　　　　　　　　　　　(　　)

8. 标称为 $10\mu m$ 的铜箔密度是一样的。 (　　)

9. 电解质溶液中溶剂的黏度越小,离子的迁移率越高。 (　　)

10. 为安全和节约成本考虑,正极材料更多采用金属材料。 (　　)

四、简答题

1. 辊压后极片的理化性能如何分析?

2. 影响辊压极片质量的因素主要有哪些?

3. 简述涂布对辊压流程的影响。

4. 简述辊压机的主要结构及作用。

5. 简述辊压机的原理。

6. 简述辊压机使用过程中注意事项。

7. 如何检测辊压后的集流体质量?

8. 简述毛刺对于辊压的影响。

9. 简述水分对辊压集流体的影响。

10. 简述辊压机日常维护流程。

工作任务四

极片分切

任务描述

将前一步辊压完成的极片,进行分切步骤流程,根据产品的规格要求,精准分切。

任务目标

1. 知识目标

(1)掌握分切设备常见故障排除方法、维护流程及方法。

(2)掌握分切设备工作原理和技术流程。

(3)掌握分切工艺后极片的理化性能。

(4)掌握分切工艺的原理及流程。

2. 技能目标

(1)能按照工艺流程正确操作分切设备。

(2)能操作、维护、检修分切设备。

(3)能撰写分切工艺方案。

(4)能检测、分析分切后极片的理化性能。

3. 素质目标

(1)成为德才兼备、有技术技能、有社会责任意识的优秀技术技能人才。

(2)培养追求卓越、精益求精的精神。

建议课时

2~3课时。

一、知识学习

（一）锂离子电池分切基础知识

锂离子电池分切工序是指对辊压完成的电池极片,按照产品规格要求进行精准切割的过程。在锂离子电池分切工序中,通常需要使用精密的切割设备,以确保切割精度能够达到产品规格要求;切割过程中要进行严格监督管理,对切割后的极片进行筛选,筛选出合格的电池极片进行下一步工序,如有不合格的极片应集中收集处理;锂离子电池本身就带有一定的危险性,因此,在进行分切工序时,要严格遵守相关安全操作流程,以确保工作过程的安全和产品质量的把控。

1. 极片分切目的和作用

极片分切目的在于将电池极片分割成精准规格的小块,以配合后续工序完成电池组装的工作,形成成品电池。

注意:分切的极片不能出现褶皱、脱粉等现象,同时要求极片边缘的毛刺尽可能短小,否则毛刺上会产生枝晶刺破隔膜,造成电池内部短路。

极片分切的作用:在分切放卷时,可对整个上道工序产出的大卷复合膜进行再次检查,检验有无质量问题并及时处理;可以纠正复合膜的错层或分切除去部分印刷与复合导致的缺陷,提高产品的质量等级;可以使成品获得更好的收卷状态,便于运输和保存。

2. 分切原理

分切机切刀主要有上、下圆盘刀,装在分切机的刀轴上,利用滚剪原理来分切厚度为 $0.01\sim0.1$ mm 成卷的铝箔、铜箔、正负极极片等。分切产品主要会受到切刀质量、切刀角度以及膜片张力的影响。极片分切直观图如图 1-24 所示。

分切设备,也称分条机或纵切机,指在恒定张力的情况下将锂离子电池极片、聚合物电池极片、镍氢电池极片及有色金属板材或卷材分切至所需的尺寸规格,并保证一定工艺要求的生产设备。电池极片分切的尺寸精度高,同时极片边缘毛刺小,否则会产生枝晶刺穿隔膜,造成电池内部短路,其性能指标主要有分切精度、分切装机精度、刀模调整范围等。

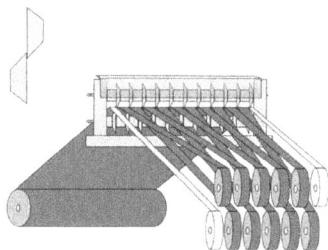

图 1-24 极片分切直观图

分切精度:分切后极片纵向毛刺小于或等于 $7\mu m$,横向毛刺小于或等于 $12\mu m$,极片切口处无分层、褶皱现象,几何尺寸线性公差满足电池工艺要求,主要指刀轴及分切刀片的尺寸公差及圆跳动、同轴度。

分切装机精度:分切设备装配调试完成后空载检测的导辊和刀模精度,主要指导辊表面粗糙度 Ra 为 0.4,导辊圆柱度小于或等于 0.03mm,导辊安装后全跳动小于或等于 0.05mm 和刀模组件装配后的跳动小于或等于 $10\mu m$,刀模调整范围分切设备上下刀片之间在分切材料部位可调整距离的变化范围。

（二）锂离子电池分切设备

1. 分切设备的组成

分切设备主要由放卷装置、放卷张力控制、放卷纠偏控制、接带、电荷耦合元件（CCD）外观缺失检测系统、分切、分切后宽度检测系统、除尘、收卷张力检测、贴标装置、收卷装置及电气系统等构成。

2. 标准配置

全自动锂电分切设备为机架立式安装，采用上下双滑差轴同向中心收卷方式，收卷、放卷的夹紧及刀模、压辊的动作全为气动控制，操作简便快捷。单电机变频驱动，同步带传动，运行平稳可靠、噪声小；磁粉离合器制动器控制放卷，这样张力控制精度高、响应快、可调范围广。标准机型分切设备结构示意图如图1-25所示。

分切设备原理及结构

图1-25　标准机型分切设备结构示意图

3. 分切设备的关键结构

（1）机体

机体采用优质碳素结构钢焊接制作，用于支撑分切设备的机架和电柜，前后墙板用连接梁连接后，立式固定在底座上。

（2）放卷装置

放卷装置采用的是气胀轴方式，通过在放卷气胀轴端连接一个磁粉制动器，给放卷轴一个与牵引方向相反并且可以控制的阻力，从而实现放卷张力。

（3）纠偏装置

采用单感应探头寻边纠偏，选用高精度纠偏系统，纠偏精度±0.1mm，纠偏行程大于或等于120mm。传感器位置调节机构采用螺杆调节，并且配数显刻度尺以及手柄式锁紧机构。

（4）接带平台

接带平台缝隙宽度1mm，深度大于10mm，气动压杆压紧极片，接带平台增加5.0mm黑色赛钢，增加刻度标尺，基准0刻度与刀模基准隔套宽度对应，手工进行材料接合，需保证极片正常走带时距接带平台和压条距离为10mm，增加防呆措施，即通过设计手段预防操作错误的方法。开机时，如果压杆处于下压状态，必须有报警与提示功能，解除报警后才可以开机。

（5）刀模

上刀与下刀间隙方便固定，刀模采用单轴传动。两主轴材料 40Cr，底板和支座 S136 钢，表面淬火硬度 HRC50 以上，刀模整体外观无锈渍，刀模入口调节辊刻度指示要求，入料辊的直径应为 φ50mm，当最下点与下刀片最高点在同一水平位置时，刻度指示为零，上调为正，下调为负，刀模调节辊刻度尺按 ±5mm 制作，调节辊材料为铝合金，表面茶色阳极硬化处理，硬度不小于 HRB300，两端支座采用螺杆结构，上下可调，刻度指示为零，分路辊相对零位调节采用正负角度表示，调节范围为 ±3°。

（6）刷粉装置

①采用可拆卸式毛刷辊，使用夹式安装，轴孔固定，拔销传动，拆装简单。

②毛刷刷毛采用软质尼龙毛，防止硬度过大而损伤极片。

③毛刷辊为盘绕式植毛，植毛密度大，保证除尘效果。

④毛刷转动方向为逆极片走带方向，以增强除尘效果。

⑤毛刷除尘装置工作时左右两毛刷相互嵌入，以保证刷毛有效接触极片并施加一定的压力，且有足够的弹力，确保极片除尘的有效性。两毛刷相互嵌入深度为 2 ~ 3mm（通过调整除尘盒边缘密封材料厚度控制），两毛刷中心距需要用刻度（标识）进行表示，毛刷可上下移动 50mm，利于穿带，有 10mm 位置精确调节有利于除尘效果调节。

⑥毛刷转速为 0 ~ 300r/min，可调。

（7）收卷压轮装置

上下收卷轴各一套压轮机构，压轮表面镀铬或喷陶瓷处理，避免极片分切后出现翻边现象。

（8）收卷滑差轴装置

上下两根收卷滑差轴，利于差速轴收卷，配隔层板，可进行张力×条数的量化设置，并根据不同分切宽度自动调整张力基数，能自行设定张力基数，持续保证张力恒定、稳定，连续分切不会造成断带。

4. 主要控制系统

（1）恒张力控制结构及原理

对于分切极片收放卷过程中，放卷卷径减小，收卷卷径增大，卷径的变化在电机恒转速控制条件下张力会不断变化，可能导致张力过小材料褶皱或者张力过大拉断。为避免这种问题，材料在收放过程中恒张力是必要的，恒张力控制的实质是在张力不变的情况下，调整电机的输出转矩随卷径变化而变化。电机转矩控制通过变频器和三相异步电机实现，台达 "V" 系列变频器提供了三路模拟量输进端口：AUI、AVI、ACI。这三路模拟量输进端口能够定义为多种功能，一路作为转矩给定，另外一路作为速度限制。0 ~ 10V 对应变频器输出 0 至电机额定转矩，这样通过调整 0 ~ 10V 的电压就能够完成恒张力的控制，张力与转矩的计算，由图 1-26 所示动力学分析可得。

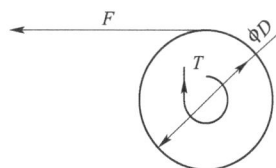

图 1-26　动力学分析图

张力与转矩的计算公式：

$$F \frac{D}{2} = T_i \tag{1-1}$$

式中：F——张力；

D——卷径；

T——电机转矩；

i——减速比。

电机额定转矩表达式为

$$T = 9550 \cdot \frac{P}{n} \tag{1-2}$$

式中：T——电机额定转矩，$N \cdot m$；

P——电机额定功率，kW；

n——电机额定转速，r/min。

（2）电机同步转速计算

已知变频器工作在低频时，分切机交流异步电机的特性不好，激活转矩低而且分线性，因此在收卷的整个过程中要尽量避免收卷电机工作在 2Hz 以下。因此，收卷电机有个速度的限制。对于 4 级电机，其同步转速计算如下：

$$n = 60 \cdot \frac{f}{p} = 60 \times \frac{2}{2} = 60 \, (\text{r/min}) \tag{1-3}$$

式中：f——电源频率，Hz；

n——收卷电机转速，r/min；

p——电机磁极对数。

（3）限速运行

系统采用张力控制时，分切机要对速度进行限制，否则会出现飞车，因此要限速运行。极片运行速度 v 的表达式为

$$v = \pi D \frac{n}{i} \tag{1-4}$$

式中：D——收卷的最大卷径，m；

n——转速，r/min；

i——传动比。

（4）自动张力控制器

自动张力控制器主要由张力检测器、高精度 A/D 和 D/A 转换器、高性能单片机等组成。该自动恒张力控制器是根据张力检测器测量到卷料的张力与设定的目标张力相比较后，经单片机 PID 运算自动调整 D/A 输出从而改变磁粉离合，制动器的励磁电流或伺服电机的转矩实现卷料的恒张力，可广泛用于各种需对张力进行精密测控的场合，具有使用灵活和适用范围广等特点。可以实现自动与手动自由切换，工作人员在使用过程中可根据实际需要进行自动或者手动的切换。

（5）收卷锥度张力

极片分切收放卷通常采用恒定张力卷取的控制方式，即放卷机在对极片开始缠绕、卷取

进行以及结束卷取的整个过程始终采用恒定张力运转;但由于卷取时一般都会在收卷装置安装套筒,而套筒对材料的卷取有比较明显的反作用力,如果采用恒定张力卷取,很容易造成极片缠绕中心突出现象,甚至损坏设备。若采取锥度张力控制方案,则可很大程度地解决上述问题。如图 1-27 所示,锥度张力曲线呈现为 1 个

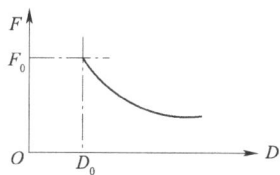

图 1-27 锥度张力示意图

尖顶锥状,能够在卷心形成较大张力,而随着材料卷直径变大,外层张力逐渐减小,卷取时通过张力的控制对材料卷子进行"内紧外松"的卷取,从而满足材料卷取的工艺要求。

张力锥度公式:

$$F = F_0 \cdot \left[1 - K\left(1 - \frac{D_0}{D} \right) \right] \qquad (1-5)$$

式中:F——实际输出张力,N;

$\quad F_0$——设定张力,N;

$\quad K$——张力锥度系数;

$\quad D_0$——最小卷径,m;

$\quad D$——当前卷径纠偏控制结构。

(6)跑偏现象

极片在收放卷时,由于极片涂布不均匀、极片纵向张力不均匀、极片边缘不整齐、输送辊与辊之间安装不平行、输送辊锥面极片与辊面摩擦力过大等原因,极片在输送过程中会出现"跑偏"现象。为避免跑偏现象,需要在分切机收放卷装置上安装纠偏装置。

按纠偏设备安装位置不同,纠偏方法可以分为双边纠偏和单边纠偏两种。

①双边纠偏。对于特别对边缘不整齐、有错层或塔形的极片,或者在放卷过程中极片不易对准机组中心线等放卷机多选用双边纠偏。双边纠偏一般有两种方式:一种方式是双检测光头系统,即对中系统(Center Position Control,CPC)。两组检测光头,对称于机组中心线设置,通过一根正反扣螺杆由一台步进电机带动做反向运动,即同步向内或向外运动。当极片开始穿带进入机组后,光头向内移动,当其中只有一个光头检测到带边时,说明极片已偏向了此方向,同时发出信号,移动放卷机带动极片移动,直到两边光头都检测到极片两边输出相等时,光头停止移动,放卷机停止移动,极片已处于中心位置。这种方式的优点是放卷操作时不需要考虑带卷宽度系统可以做到自动对中。另一种方式是通过检测极片的边部位置进行控制,使送入机组的极片边部位置固定,简称为 EPC(Edge Position Control)。光头架装在机组传动侧。首先根据来料的宽度,预先设置好检测光头的位置。当放卷极片送入机组后,检测光头根据被极片遮盖情况(全盖、全亮、半盖的程度)发出信号,移动放卷机使极片一边的边部始终处在光头半遮盖位置。这种方式的优点是单光头,光头装置相对简单一些,但是在操作前必须根据不同的带宽,预先调节好光头的原始位置。双边纠偏系统示意图如图 1-28 所示。

②单边训练。对于边缘比较整齐的极片多采用单边纠偏。边部平齐的极片在运输和处理过程中不容易受到损伤,为了收卷齐都是采用一组光头检测边部。检测光头的设置位置可以在放卷机上伸出一个臂来安装光头,光头随收卷机一起移动(图 1-29);也可以在机组

出口偏导辊附近单独设置一个光头座。一组丝杆通过一个步进电机带动光头,或者移动整个光头支座,在移动座上带有位置传感器。这两种方式的工作过程如下:当极片送到卷筒轴上并咬住头之后,检测光头送进,直到检测到带卷边部遮住一半光源为止,同时自动投入闭环控制系统。当带边位置发生变化时,检测光头继续跟随,并随时将偏移值输入控制系统,使放卷机纠偏移动油缸也沿着同方向移动相同距离,最后达到收卷齐的目的。

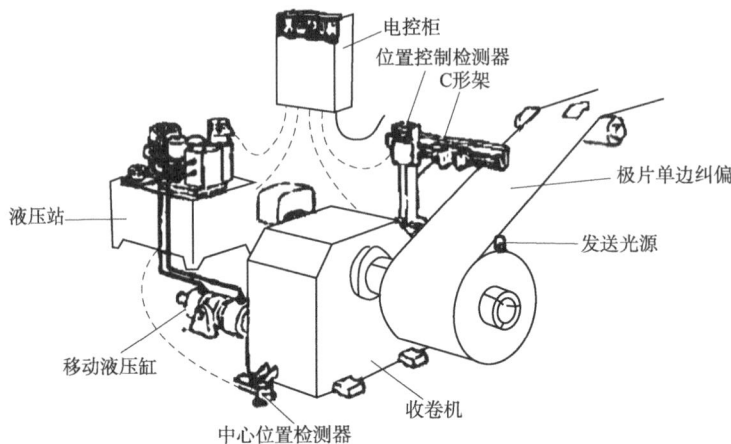

图 1-28　双边纠偏系统示意图

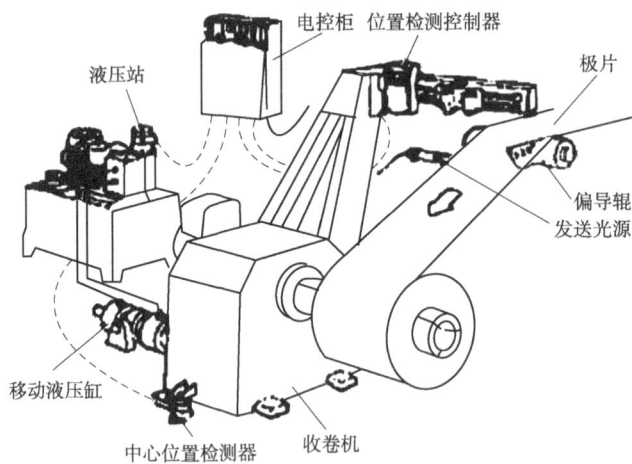

图 1-29　单边纠偏装置示意图

单边纠偏装置工作原理:中心气压滑差轴是张力调节式滑差轴,滑差环独立打滑。滑差轴以精密空芯通气主轴为核心,利用压缩空气推动腔体内的活塞,使轴芯通过摩擦件与滑差环之间产生摩擦转矩,进一步带动斜契底座上的斜胀片向外径方向扩张,挤压收卷筒,传递收卷筒的扭矩,从而达到恒张力卷取。

（7）主体结构

滑差轴结构特殊,由多个滑差环组成。工作时,滑差环受控以一定的滑转力矩值（扭矩）打滑,滑动量正好补偿产生的速度差,从而精确地控制每一卷材料的张力,得以恒张力卷取,保证了卷取质量。

滑差轴分切结构:滑差轴是利用轴上各个滑差环打滑的原理,使轴上多个卷筒料始终保持张力平衡,完成收放卷工作。滑差轴的主要用途是在收卷流程中对材料的拉力调整,通过在卷轴运行时保持所有料卷适当的张力,在电池极片应用方面,滑差轴收卷大大提高了良品率,降低了生产成本,是锂离子电池分切机(分条机)上的重要零部件。

滑差轴可应用于由极低到最高张力的范围,适用于高速、材料厚度误差大、多段张力控制、张力控制精度高、端面收卷整齐的要求,最适合双轴中心卷取式分切机使用。

代表产品:日本东伸滑差轴、西村滑差轴。其控制精度高,成本相对较高。滑差轴的主要单元是气胀单元(由腔体、斜楔底座、活塞、气封、轴承和弹簧及胀片组成),每组单元长度为40mm,18组单元可任意位置互换和独立更换,从而提高使用寿命和检修的方便性。

材质工艺:产品本体由调质模具钢或铝合金硬质氧化制作,橡胶胀片用耐高温耐磨聚氨酯材料硫化制作,具体依据最大张力的要求而定。可根据要求制定不同尺寸的滑差轴,包括主轴、气胀单元、胀片、弹簧、十字联轴器等零部件。

使用说明:滑差轴有效提高了分切机的速度、收卷精度、自动化程度,使准备时间减少,操作更加人性化。应用滑差轴收卷更是大大提高了正品率,降低了生产成本。滑差轴可以保证最高料卷质量,通过在卷轴运行时保持所有料卷适当的张力。

5. 切片机特点

与金属板材分切加工比较,锂离子电池极片圆盘剪的裁切方式具有完全不同的特点,具体如下:

①极片分切时,上下圆盘刀具有后角,类似于剪刀刀刃,刃口宽度特别小。上下圆盘刀不存在水平间隙(图 1-30 中所示参数 c 相当于负值),而是上下刀相互接触并存在侧向压力。

②板料分切时,上下基本上都有橡胶托辊,平衡上下刀在剪切时产生的剪力和剪切力矩,避免板料的大幅变形。而极片分切没有上下托辊。

③极片涂层是由颗粒组成的复合材料,几乎没有塑性变形能力,当上下圆盘刀产生的内应力大于涂层颗粒之间的结合力时,涂层产生裂缝并拓展分离。

④材料的塑性好,剪切时裂纹会出现得较迟,材料被剪切的深度较大,所得断面光亮带所占的比例就大;而塑性差的材料,在同样的参数条件下,则容易发生断裂,断面的撕裂带所占的比例就会偏大,光亮带自然也较小。

⑤上下成对刀具侧向压力的影响在极片的分切中,刀具侧向压力是影响分切质量的关键因素之一。剪切时,断裂面上下裂纹是否重合、剪切力的应力应变状态都与侧向压力的大小关系密切。当侧向压力过小时,极片分切可能出现分切断面不齐整、掉料等问题,而当侧向压力过大时,刀具更容易磨损,寿命更短。

⑥上下成对刀具的重叠量(图 1-30 中参数 δ)。合理的重叠量有利于刀具的咬合。影响重叠量的设置主要与极片的厚度有关。其影响包括剪切质量的优劣、毛刺的大小和刀具刃口磨损快慢等。

⑦咬入角(图 1-30 中参数 α)的影响圆盘分切中,咬入角是指剪切段和被剪板材中心线

的夹角,咬入角增加,剪切力所产生的水平分力也会增大。如果水平分力大于极片的进料张力,板材要么打滑,要么在圆刀前拱起来而无法剪切。而咬入角减小,刀片的直径就要增大,分条机的尺寸也要相应增大。因此,如何平衡咬入角、刀片直径、板料厚度以及重叠量,必须参考实际工况而定。

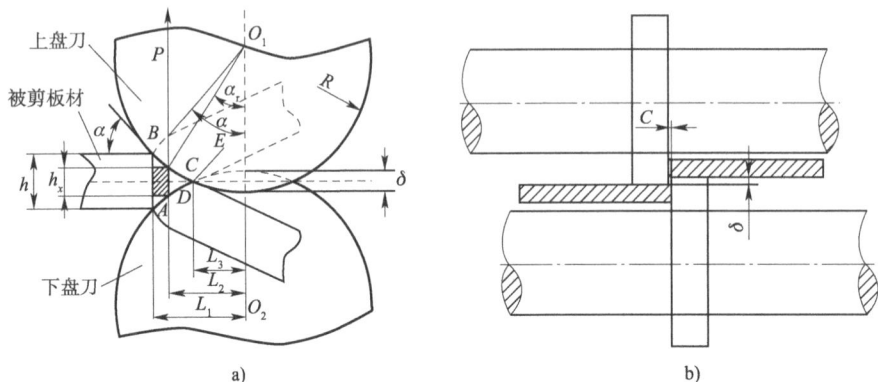

图 1-30 滚切示意图

6. 分切后极片的主要缺陷

极片中的缺陷主要包括以下两种。

(1)毛刺

毛刺,特别是金属毛刺对锂离子电池的危害巨大,尺寸较大的金属毛刺直接刺穿隔膜,导致正负极之间短路,而极片分切工艺是锂离子电池制造工艺中毛刺产生的主要过程。图 1-31 为极片分切产生金属毛刺的典型形貌。极片在分切时,由于张力控制不稳定导致二次切削形成箔材毛刺,尺寸达到 $100\mu m$ 及以上。为了避免这种情况出现,调刀时根据极片的性质和厚度,找到最合适的侧向压力和刀具重叠量是最关键的。另外,还可以通过切刀倒角、收放卷张力来改善极片边缘的品质。

(2)波浪边

极片分切时,由于切刀重叠量和压力不合适,会形成波浪边(图 1-32)和切口涂层脱落。当出现波浪边时,极片分切和卷绕时会出现边缘纠偏抖动,从而降低工艺精度;另外,对电池最终的厚度和形貌也会出现不良影响。

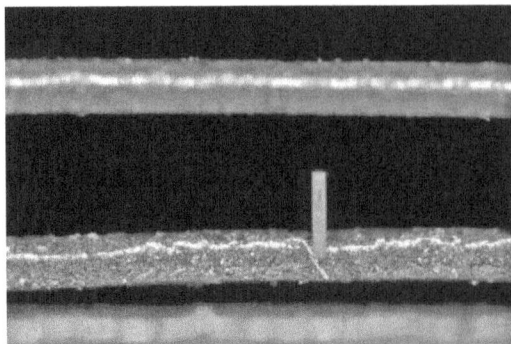

图 1-31 毛刺示意图

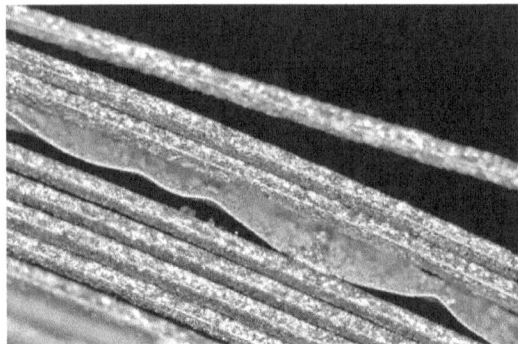

图 1-32 波浪边示意图

二、任务实施

锂离子电池极片分切任务实施步骤见表1-7。

锂离子电池极片分切任务实施步骤

表1-7

车间工作任务	锂离子电池极片分切
生产岗位	分切相关岗位
工艺路线	
原材料准备	上一步辊压完成的锂离子电池极片
分切设备准备检查	步骤1:设备安装环境温度应控制在 −20 ~60℃范围内,不能将设备放置在灰尘或有严重腐蚀性气体的污染环境里,设备与周围设备的最小距离不得小于0.5m,以免影响操作和日常维护,设备应摆放稳靠,四脚不应有悬空现象,安装地点不能有经常性的振动,也不容许有严重撞击发生。 步骤2:检查各部分连接电缆是否连接正确。 步骤3:操作人员熟悉本设备操作步骤和各功能开关作用后方可上机操作,以防操作不当造成人员和设备损伤
分切操作	步骤1:接通电源,按打开电源开关。 步骤2:按下正转按钮,上、下滚刀开始转动。 步骤3:把将要分条的极片正摆于上料板上,轻轻推入上、下滚刀之间,随着上、下滚刀的转动,极片自动切成小条。 步骤4:停止时按下三挡开关空挡按钮即可
极片性能检测	分切后锂离子电池极片性能检测一般有孔隙率、涂层密度(压实密度和平均密度)、电子导电率、电化学有效面积、水分含量等
车间管理	8S管理

三、任务评价

极片分切理实一体化任务评价表见表1-8。

极片分切理实一体化任务评价表

表1-8

班级		成员			
组号		时间			
自我评价					
评价指标	评价要素	评价标准		配分(分)	得分(分)
课前工作	网络资源查找	总分10分,能按要求查找相应的资料得10分,查找资料不全按相应的查找情况得2 ~ 8分,未按要求查找不得分		10	
	课前资源学习及课前测试	总分10分,按照云班课上资源学习的完成情况及课前测试得分给出相应的分值		10	

续上表

评价指标	评价要素	评价标准	配分(分)	得分(分)
参与状态	出勤情况	总分 10 分,迟到或早退的每次扣 2 分,缺勤每次扣 10 分	10	
	协作交流情况	总分 15 分,按照能积极开展交流协作、能参与到其他同学的交流协作及通过教师引导参与同学交流协作三个档次分别得 15 分、10 分、5 分	15	
	积极思考,主动和教师交流	总分 10 分,基础分 6 分,每次和教师交流加 2 分	10	
	深入思考,发现问题	总分 15 分,基础分 6 分,每次发现相关问题并和教师交流加 2 分	15	
	遵守课堂纪律	总分 10 分,每违反一次课堂纪律扣 2 分,直至扣完	10	
任务完成情况	工作计划	总分 10 分,按照工作计划制订的完整度和合理性分别得 2~10 分,未制订工作计划不得分	10	
	工作任务	总分 10 分,能够按计划完成相关工作任务得 10 分,每超过计划 5min 扣 2 分	10	
总分		权重分(20%)		

个人自评:

组内互评				
评价指标	评价要素	评价标准	配分(分)	得分(分)
课前工作	团队协作查找信息	总分 10 分,在课前和小组成员一起查找资料,汇总资料,按照参与程度分别得 2~10 分,若未参与打 0 分	10	
参与状态	小组讨论	总分 15 分,在小组学习过程中积极参加讨论,按参与度得 5~10 分,若在讨论过程中有建设性意见每次加 2 分	15	
	小组协作	总分 15 分,在需要小组成员协作解决问题时,能积极参与,按照参与程度得 5~10 分,若在此过程中主持小组协作每次加 2 分	15	
	小组汇报	总分 15 分,能按照汇报的情况,进行小组汇报的成员得 10~15 分,协助进行汇报的成员得 5~10 分	15	
	纪律问题	总分 15 分,遵守课堂纪律,尊重小组成员和相应的工作成果,如出现违反课堂纪律不尊重小组成员及劳动成果的现象,每次扣 2 分	15	

评价指标	评价要素	评价标准	配分(分)	得分(分)
任务完成情况	工作任务	总分15分,认真与团队协作,按时按质完成工作任务。按照对团队的贡献从低到高分别得分5分、10分、15分	15	
	收尾工作	总分15分,在任务完成后能按照相关要求进行物品规整、资料整理等工作,按照参与度分别得分5分、10分、15分	15	
总分		权重分(20%)		
组员评价:				

教师评价				
序号	任务	评价要点	配分(分)	得分(分)
1	准备分切材料	描述材料组成	10	
2	分切过程	描述分切工艺方法	20	
3		描述分切过程	20	
4	分切工艺对电芯的影响因素	简述有哪几种影响及原因	10	
5	电芯检测	是否合格	10	
6	分切	操作	10	
7	安全要求	遵守安全规则	10	
8	环保要求	保护环境	5	
9	思政要求	精神素养	5	
考核团队				
总分		权重分(60%)		
总得分				
教师评价:				

四、拓展阅读

张敬捧:为"锂"想而奋斗

在第114个国际劳动妇女节前夕,九三学社枣庄高新区支社委员、山东精工电子有限公司研发经理张敬捧获得了全国三八红旗手称号。她说:"作为一名科研人员,不仅要坐得住冷板凳,还要心中有一团火。"她率领研发团队攻克了一个又一个锂离子电池技术难关,在无数次的失败实验中积累经验,在一次次创新中突破自我。

2006 年读研究生时,张敬捧与"锂"结缘。直到现在,一直从事锂离子电池的研究。2009 年,她从河北工业大学研究生毕业后入职山东精工电子科技有限公司。此后,她始终怀揣"锂"想,扎根科研岗位,潜心钻研,默默耕耘。

目前,市场上主要有两种体系的锂离子电池产品:一种是三元体系电池,另一种是磷酸铁锂离子电池。可以说,这两种产品各自占据锂离子电池半壁江山。"虽然磷酸铁锂离子电池能量密度低,但是寿命和安全性能好。我对于磷酸铁锂材料以及磷酸铁锂离子电池的研究一直没有停止过。"十几年来,张敬捧专注磷酸铁锂离子电池,从 2009 年到 2022 年共发布了 9 款磷酸铁锂离子电池。也正是这份专注,让她把产品做得更好。

五、学习测试

一、单选题

1. 世界上第一块能够实际应用的电池称为(   )。
   　A. 锂离子电池　　　　B. 铅酸电池　　　　C. 干电池　　　　D. 伏打电池

2. 世界上第一块可充电的铅酸电池由(   )发明。
   　A. 伏打　　　　　　　B. 威廷汉　　　　　C. 普兰特　　　　D. 阿曼德

3. 正常情况下,磷酸铁锂离子电池循环寿命合理范围是(   )。
   　A. 100 ~ 300 次　　　　　　　　　　　　B. 500 ~ 1000 次
   　C. 1000 ~ 2000 次　　　　　　　　　　　D. 3000 次以上

4. 下列电池具有记忆效应的是(   )。
   　A. 镍镉电池　　　　　B. 镍氢电池　　　　C. 锌锰电池　　　D. 锂离子电池

5. 钴酸锂可以被应用于锂离子电池的(   )材料。
   　A. 电解液　　　　　　B. 负极　　　　　　C. 隔膜　　　　　D. 正极

6. 钴酸锂的结构特征在于其具有(   )结构。
   　A. 层状晶体　　　　　B. 孪生晶体　　　　C. 尖晶石　　　　D. 球状晶体

7. 下列锂离子电池正极材料中,放电平台电压最高的是(   )。
   　A. 钴酸锂　　　　　　B. 锰酸锂　　　　　C. 磷酸铁锂　　　D. 三元材料

8. 锂离子电池的能量密度指的是(   )。
   　A. 电池体积的大小　　　　　　　　　　B. 电池质量的大小
   　C. 电池容量与体积的比值　　　　　　　D. 电池容量与质量的比值

9. 锂离子电池的充电效率指的是(   )。
   　A. 充电时间的长短　　　　　　　　　　B. 充电容量与总容量的比值
   　C. 充电容量与充电次数的比值　　　　　D. 充电容量与放电容量的比值

10. 分切设备应用的原理是(   )。
   　A. 剪切原理　　　　B. 挤压原理　　　　C. 伸拉原理　　　D. 压实原理

二、多选题

1. 锂离子电芯按放电倍率可以分为(　　　　)。

 A. 容量型　　　　　B. 低功率　　　　　C. 中功率　　　　　D. 高功率

2. 锂离子电芯按外壳材质可以分为(　　　　)。

 A. 钢壳　　　　　　B. 铝壳　　　　　　C. 软包　　　　　　D. PVC

3. 锂离子电芯按形状可以分为(　　　　)。

 A. 圆柱形　　　　　B. 球形　　　　　　C. 方形　　　　　　D. 圆锥形

4. 下列物质是锂离子电池的电解质的是(　　　　)。

 A. 锂金属　　　　　B. 石墨　　　　　　C. 六氟磷酸锂　　　D. 四氟硼酸锂

5. 锂离子电池负极材料主要包括(　　　　)。

 A. 石墨　　　　　　B. 黏结剂　　　　　C. 导电剂　　　　　D. 磷酸铁锂

6. 以下属于蓄电池生热因素的是(　　　　)。

 A. 电化学反应生热　　　　　　　　B. 运动摩擦生热

 C. 过充电副反应生热　　　　　　　D. 内阻焦耳热

7. 锂离子电池利用正负极之间锂离子的移动来(　　　　)。

 A. 充电　　　　　　B. 放电　　　　　　C. 产生热量　　　　D. 延长使用寿命

8. 镍氢电池作为动力电池具有的特点包括(　　　　)。

 A. 良好的耐冲击性能　　　　　　　B. 良好的散热性能

 C. 使用寿命长　　　　　　　　　　D. 成本比铅酸电池低

9. 充电时,镍氢电池正极氢氧化镍被氧化生成(　　　　)。

 A. 羟基氧化镍　　　B. 水　　　　　　　C. 氢气　　　　　　D. 镍金属

三、判断题

1. 动力电池冷却液用的是纯净水。　　　　　　　　　　　　　　　　(　　　)

2. 当蓄电池容量变为原来的 80% 时,认为电池失效。　　　　　　　　(　　　)

3. 电池管理系统的简称是 BMS。　　　　　　　　　　　　　　　　(　　　)

4. 电池管理系统主要功能是检测电压。　　　　　　　　　　　　　　(　　　)

5. 电池工作电流采集方式是霍尔元件电流传感器。　　　　　　　　　(　　　)

6. 电池内热传导的方式主要是热交换。　　　　　　　　　　　　　　(　　　)

7. 锂离子电池和锂二次电池没有区别。　　　　　　　　　　　　　　(　　　)

8. 充电电池通过化学反应实现能量转换。　　　　　　　　　　　　　(　　　)

9. 锂离子单体电池工作电压可以达到 3.6～3.8V。　　　　　　　　　(　　　)

10. 锂离子电池自放电很小。　　　　　　　　　　　　　　　　　　(　　　)

四、简答题

1. 分切后,如果极片产生毛刺,该如何处理?

2. 该如何处理分切产生的边角料部分?

3. 试述分切机设备的调试顺序。

4. 简述分切机检查及维修流程。

5. 简述波浪边产生的原理。

6. 简述分切设备如何调整压力。

7. 如何检测分切后集流体？

8. 简述分切流程对卷绕工艺的影响。

9. 简述辊压流程对分切工艺的影响。

10. 简述分切后集流体的保存方式。

项目二 | 电芯装配

工作任务一

极耳焊接

任务描述

电芯生产企业销售部承接光伏电站储能系统项目后,向生产车间下达生产适配的圆柱形磷酸铁锂储能电芯任务,要求保质按时交付。

生产车间迅速行动,工作人员选择极耳材质、尺寸,运用焊接工艺和设备,精细调试参数,对极耳与电极片实施牢固焊接,严控电阻,杜绝虚焊、漏焊。

任务目标

1. 知识目标

(1)掌握各类正负极材料和极耳材料。

(2)了解极耳焊接的方法及影响因素。

(3)掌握极耳焊接的原理与工艺流程。

2. 技能目标

(1)能够按照工艺规范要求,进行极耳焊接操作。

(2)具备独立操作超声波极耳焊接机的能力。

(3)能够定期开展设备维护工作以及故障排除。

3. 素质目标

(1)培养良好的学习习惯,树立高尚的职业道德。

(2)善于批评与自我批评,培养认真负责的工作态度和工作作风。

建议课时

2～3课时。

一、知识学习

极耳焊接

（一）极耳焊接的基础知识

在锂离子电池的生产过程中,极耳焊接是一个至关重要的环节,它直接影响电池的安全性和稳定性。为了实现高质量的极耳焊接,生产厂家通常会采用先进的自动化设备和精密的焊接工艺。同时,还会对焊接工艺进行严格的监控和质量检测,以确保每个电池的极耳焊接质量符合标准要求。

1. 极耳焊接的定义

在储能电芯制造的流程中,极耳焊接处于卷绕工序的前端,起着承上启下的衔接作用。在卷绕操作之前,极耳必须依托精准可靠的焊接工艺,与电极极片或集流体牢牢相连。极耳焊接的质量对后续卷绕工序的顺利推进以及电芯成品性能的优劣有着决定性影响。出色的极耳焊接能保障电流在电极与外部电路间的稳定传导,为卷绕后电芯的充放电筑牢电学根基。若在此环节产生问题,如焊接不牢、虚焊等,卷绕时便可能因受力或电学性能不稳引发极耳断裂、短路等状况,对电芯的能量转换效率、循环寿命及安全性也会产生严重危害。

极耳焊接就是将正极或负极材料与电池连接器焊接在一起的精细过程。在此过程中,严格控制温度与焊接时间是重中之重。如果温度过高,极易对正极材料造成不可逆的热损伤,致使电池性能受损;而精准地把控焊接时间,有助于保证焊接点的牢固性与卓越的导电性,有效杜绝电池在后续使用过程中出现断路或接触不良等情况,全方位保障锂离子电池的卓越品质与可靠性能。

2. 极耳材料的选择

极耳是指圆柱形电池的正负极连接器,用于连接电池与外部设备,实现能量传输和电流控制。电池分为正极和负极,极耳就是从电芯中将正负极引出来的金属导电体。通俗地讲,极耳就是电池正负两极的"耳朵",是电池进行充放电时的接触点。

极耳主要分为正极耳和负极耳两种类型。极耳材料分为三种:电池的正极使用铝(Al)材料,负极使用镍(Ni)材料,负极也有铜镀镍(Ni-Cu)材料,一般由胶片和金属带两部分组合而成。

一个极耳是由两片胶片把金属带夹在中间的独特构造组成。胶片是极耳上绝缘的部分。胶片的作用是电池封装时防止金属带与铝塑膜之间发生短路,并且封装时通过加热(140℃左右)与铝塑膜热熔密封黏合在一起防止漏液。

目前市场上使用的极耳胶分为白胶、黑胶和单层胶。常用的黑胶片为三层结构:黑色素,熔点66℃;PE,熔点105℃;PP,熔点137℃。

3. 极耳焊接的原理

极耳焊接的原理是利用高温来使极耳与电极片产生化学反应,从而达到固定极耳的目的。具体来说,焊接过程中需要将极耳和电极片加热到一定温度,使它们发生化学反应并固定在一起。

4. 极耳焊接的方法

极耳焊接工艺主要包括以下几种常见的方法。

(1) 激光焊接

激光焊接是利用高能量密度的激光束作为热源,使极耳和连接件局部熔化并连接在一起。激光焊接具有焊接速度快、精度高、热影响区小、焊缝窄且美观等优点,能够实现自动化焊接;但也存在设备成本较高,对焊接材料的反射率较为敏感等缺点。

(2) 超声波焊接

超声波焊接是通过高频机械振动在极耳和连接件之间产生摩擦热,使材料达到塑性状态并实现连接。超声波焊接具有焊接时间短、能耗低、对金属表面要求不高等优点,适合薄型材料的焊接;但同时存在焊接强度相对较低,可能会产生噪声和振动的缺点。

(3) 电阻焊接

电阻焊接是使电流通过极耳和连接件的接触部位,产生电阻热将其熔化并连接。电阻焊接具有焊接成本低、操作简单、设备维护方便等优点;但同时存在焊接过程中容易产生飞溅,热影响区较大的缺点。

在实际应用中,选择极耳焊接工艺需要考虑多种因素,如电池材料、极耳厚度、焊接强度要求、生产效率、成本等。每种工艺都有其适用的场景,以确保电池的性能和质量。

5. 影响锂离子电池极耳虚焊的因素及解决办法

(1) 锂离子电池极耳虚焊对极耳焊接的影响及解决办法

锂离子电池极耳虚焊是指锂离子电池电芯的正负极极耳在生产过程中存在未焊牢或焊点不牢固的情况。当电池受外界力或振动作用时,这些极耳容易松动或脱落,导致电池性能下降,寿命缩短,引发电池发热、漏液、短路,甚至起火爆炸等安全风险以及电池电压不稳定、输出功率下降,影响电子产品的正常使用。

① 产生锂离子电池极耳虚焊的原因包括:

a. 工艺不良:锂离子电池生产过程中,如果对焊接工艺掌握不好,或设备、人为等原因,可能导致焊接不完全或焊点不牢固,容易造成极耳虚焊。

b. 材料问题:锂离子电池电芯材料的品质参差不齐,如果使用的极耳材料质量差、导电性能不好,也会影响极耳的焊接质量。

c. 振动或外力作用:锂离子电池装置在电子产品中,如果长期受到振动、撞击、摔落等外力影响,很可能导致极耳脱落或松动。

② 极耳虚焊的解决方法包括:

a. 选择质量可靠、专业的锂离子电池生产企业进行采购,避免购买低价、劣质的产品。

b. 在使用时要注意保护锂离子电池,避免受到外力影响。

c. 对于电子产品的质量要求高的应用领域,建议使用更可靠的电池连接方式,如注液式电池。

d. 生产厂商要严格控制锂离子电池的生产工艺和质量,确保产品质量可靠,从源头上避免锂离子电池极耳虚焊的出现。

（2）锂离子电池极耳焊裂对极耳焊接的影响及解决办法

锂离子电池极耳焊裂是指锂离子电池极与极耳焊接处出现断裂、裂纹等问题。这些问题会导致电池性能降低、寿命缩短，甚至引起火灾等安全问题，因此需要给予足够的重视。

①锂离子电池极耳焊裂对极耳焊接的影响包括以下几方面：

a. 焊接参数问题。

焊接温度、时间、压力等参数对于锂离子电池极耳的焊接质量有着至关重要的影响。过高或过低的焊接温度会导致极耳变形或脆化，从而影响焊接质量。同时，焊接时间过长或压力过大下，也容易引起焊区过热，造成极耳裂纹。

b. 材料质量问题。

锂离子电池内部有一层薄膜隔离物，这是保证电池安全的关键。如果该隔离物质量不合格，会降低电池的安全性能，甚至导致火灾等重大事故。如果其他材料的质量存在问题，也会影响锂离子电池极耳的焊接质量和电池性能。

c. 运输和储存问题。

在运输过程中，锂离子电池可能会因为震动、挤压等因素受到损伤，从而导致极耳焊裂。在储存过程中，如果储存温度不合适，也会影响电池的性能。

②针对以上原因，我们可以采取以下的措施来防范和解决锂离子电池极耳焊裂问题：

a. 确保优良的焊接参数。

通过合理设置焊接参数，可以有效避免因为参数问题导致的极耳裂纹问题。同时，焊接设备的维护和检修也是保证焊接质量的必要手段。

b. 选择优质材料。

为了保证电池的安全性能和使用寿命，必须选择优质的电池材料。同时，在供应链领域还需要加强质量监管，防范不合格的材料进入市场。

c. 做好运输和储存管理。

为了减少运输过程中电池受损的可能性，需要采用合适的包装材料和方法。同时，在储存过程中，要确保温度条件和湿度条件都在适宜范围内。

（3）极耳氧化对锂离子电池的影响及解决办法

锂离子电池极耳氧化是由于空气中的水蒸气和氧气氧化锂离子电池极耳产生的。一旦锂离子电池极耳被氧化，其接触电阻会变大，导致电池容量降低，充电时间延长，使用寿命缩短，甚至无法使用的情况出现。

①锂离子电池极耳氧化的处理方法如下：

a. 酒精清洗法。

在极耳上擦拭一些酒精，能有效地切断极耳和空气接触，减少极耳氧化的可能性。同时，还能清除极耳表面的氧化物，恢复极耳的导电性能。

b. 含氧化铜的导电胶处理。

将含有氧化铜的导电胶涂到极耳表面，能防止空气中的氧气进入极耳，减少氧化作用的发生。

c. 焊接法。

使用焊接机对极耳进行焊接,能有效减少极耳氧化的发生。但是,在焊接时需要注意温度和时间,避免温度过高,烧坏电池。

d. 更换极耳。

如果极耳氧化严重,导致无法正常使用电池,可以考虑更换新的极耳。在更换极耳时,需要注意极耳的品质和规格,选择符合要求的极耳进行更换。

②锂离子电池极耳氧化的预防措施如下:

a. 储存环境

在储存锂离子电池的过程中,应注意储存环境的温度和湿度,避免将其存放在潮湿、高温或有腐蚀性气体的环境中。

b. 密封包装

在储存和使用锂离子电池的过程中,应尽量保持其密封状态,防止空气中的水蒸气和氧气与其产生氧化作用。

c. 定期检查

定期检查锂离子电池及其连接件并进行清洗和维护,可以有效预防锂离子电池极耳氧化的发生。

(二)极耳焊接设备

在储能电芯的制造过程中,极耳与集流体通常采用的是超声波焊接,因此本书中极耳焊接工序采用的设备为超声波极耳焊接机。

极耳焊接设备

1. 超声波极耳焊接机的定义及特点

超声波焊接是一种机械处理过程,在焊接过程中,并无电流在焊件中流过,也无诸如电焊模式的焊弧产生。超声波焊接不存在热传导与电阻率等问题,因此对有色金属材料来说,无疑是一种理想的焊接方式,也节省能源。超声波金属焊接设备,对于不同厚度的有色金属材料,能有效地进行焊接。超声波焊接成本低,速度快,易操作。因为超声波金属焊接设备运作属于低功率消耗,维护设备也十分有利、使用安全,是进行各种有色金属焊接的先进设备。

超声波金属焊接设备是一种高功率的焊接设备,超声功率源、超声波换能系统装置,设备极易安装与维护。应用超声波极耳焊机生产的产品具有以下优点:

①焊接时间很短,一般在小于0.4s内瞬间熔接完成。

②对工作上的温度不超过其退火温度,因此不改变工作物的金相组织,其熔接强度比其他方式熔接更牢固,熔接口整齐清洁。

③焊接后导电性良好,其电阻系数极低,近似于零。

④金属表面有微量的脏污物或氧化物,不用表面处理,也可以完美焊接。超声波有清洗功能。

⑤几乎所有工作物不需要复杂的预先处理,不需要焊锡、焊油添加物就能熔接,经济方便。

⑥焊头使用耐磨材料制成,耐用性好。

⑦熔接时不产生火花,操作员安全放心,没有烟味,不会造成空气污染。

总之,超声波极耳焊接机具有焊点牢固、焊点内阻小、无氧化痕迹、美观等优点。可根据不同的金属焊件,选用不同频率、不同功率的超声波极耳焊接机,从而达到不同的效果。

2. 超声波极耳焊接机的结构及工作原理

超声波金属焊接机结构如图 2-1 所示。

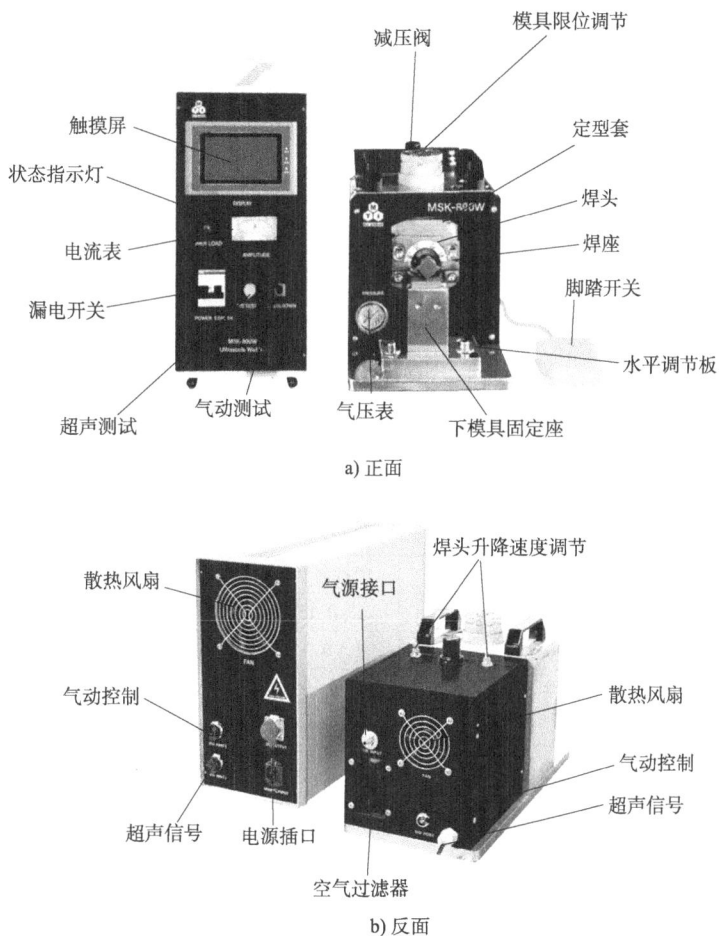

a) 正面

b) 反面

图 2-1　超声波金属焊接机结构

超声波金属焊接是通过超声波振动系统产生的超声波能量来实现的。超声波振动系统通常包括发生器、换能器和焊接头。发生器产生高频电信号,通过换能器将电信号转换成机械振动,最终通过焊接头将超声波能量传递到金属片表面,使金属片相合处瞬间生热,进而激活金属晶格中的粒子,使金属片相合处的分子相互渗透而焊接在一起。简单地讲,就是利用高频振动将能量传递到金属表面,通过压力使两个金属表面互相摩擦,从而形成分子间的嵌合的一种焊接方式。

3. 超声波金属焊接机的操作过程

(1)焊机和控制箱连接

将焊机和控制箱连接起来。

（2）焊接前准备操作测试

确认连接无误后连接电源，连接气源（确保焊头已上升），打开漏电开关，触摸屏界面会点亮，点击"开启总电源开关"后就会进入语言界面的选择，我们可以选择中文或英文，选择后进入触摸屏 PLC 的主操作界面了。点击触摸屏右上角的参数设定，然后按下控制箱（触摸屏）上的超声测试按钮，同时观察控制箱上的电流表，超声测试电流一般不会超过 1A。如果超过 1A，我们应该检查下是否模具松动。

（3）超声波金属焊接机的焊接过程

①选用正极耳用铝条，负极耳用镍条，长度均为 80mm。

②正极焊接参数设置如下：焊接时间 0.04s，电流为 0.4A，焊接压力为 $20kg/cm^2$，焊接模具下压速度调至较慢。

③负极焊接参数设置如下：焊接时间 0.04s，电流为 0.4A，焊接压力为 $20kg/cm^2$，焊接模具下压速度调至较快。

④焊极耳时正负极极耳焊接点数为 5，极耳边缘距涂层 3mm。调整好参数后，将极耳放在对应电极片的上面，将所焊部位放在焊头正下方，踩动脚踏开关开始焊接，焊接完成后检查。

（4）焊接参数的参考范围

可按照表 2-1 所列焊接参数表来测试焊接。当焊接不上的时候，可以适当增加焊接时间，如果已要过焊，可以适当降低焊接时间。

常用金属材料焊接参数 表 2-1

焊接层数	铝/铜（正极/负极焊接）（kHz/W）	焊接时间（s）	焊接气压（kg）	选用输入电功率（W）
1~5 层	40/800	0.15	4	800
6~10 层	40/800	0.2	4	800
11~15 层	40/800	0.2~0.25	4	800
16~20 层	40/800	0.2~0.3	4	800

（5）超声波金属焊接机的使用注意事项

①避免过度加热。在选择焊接温度时，需要根据电池的型号、材料和规格等实际情况进行选择，避免因过热或过低而导致焊接效果不佳。

②焊接操作要规范。在进行焊接操作时，需要严格遵守操作规范，确保工作场所明亮、通风良好，并采取必要的防护措施，避免因操作不当而导致安全事故发生。

③检查焊接点的完整度。在进行焊接后，需要及时检查焊接点的完整度和质量，并对不合格的焊接点进行二次加热或重新焊接，以保证焊接质量。

④要注意电池的安全性。锂离子电池具有高能量、高电压和易燃等特性，因此在进行锂离子电池极耳焊接时需要注意安全。

总之，锂离子电池的极耳焊接是一项重要的电池加工工艺，需要严格遵循标准操作规范，确保焊接质量和安全性。

二、任务实施

储能电芯极片极耳焊接任务实施步骤见表 2-2。

储能电芯极片极耳焊接任务实施步骤　　　表 2-2

车间工作任务	储能电芯生产过程
生产岗位	极耳焊接工艺岗位
工艺路线	
原材料准备	步骤1:准备分切好的正、负极电极片,应注意对材料的筛选和清洗工作。 步骤2:准备极耳材料,如铝片、铜片或镍。 步骤3:准备胶带
极耳的 焊接过程	步骤1:焊机和控制箱连接,检查、确认连接无误后接通电源,连接气源,确保焊头已上升,打开漏电开关,进入触摸屏设置参数;按下超声测试按钮,观察电流表示数是否小于1A,如大于1A,检查模具是否松动,检查完毕后,开始极耳焊接。 步骤2:选用正极耳用铝条,负极耳用镍条,长度都为80mm。正极焊接参数设置如下:焊接时间为0.04s,电流为0.4A,焊接压力为20kg/cm²,焊接模具下压速度调至较慢;负极焊接参数设置如下:焊接时间为0.04s,电流为0.4A,焊接压力为20kg/cm²,焊接模具下压速度调至较快。焊极耳时正负极极耳焊接点数应为5,极耳边缘应距涂层3mm。 步骤3:调整好参数后,将极耳放在对应电极片的上面,将所焊部位放在焊头正下方,踩动脚踏开关开始焊接。 步骤4:极耳与电极片连接,焊接完成
焊接质量检查	步骤1:外观上,仔细查看焊接处,应光滑平整,无焊瘤、虚焊,保证极耳与极片紧密贴合。牢固性检测时,轻拉极耳,力度适中,确保焊接牢固,防脱落。 步骤2:在电气性能方面,可使用专业仪表测焊接处电阻,应低值合理,保障电流传导,同时检测绝缘性能,规避漏电。 步骤3:精准核对极耳位置与方向,适配后续,杜绝故障
车间管理	8S 管理

三、任务评价

储能电芯极片极耳焊接理实一体化评价表见表2-3。

储能电芯极片极耳焊接理实一体化评价表　　　表 2-3

班级		成员	
组号		时间	
自我评价			
评价指标	评价要素	评价标准	总分(分)	得分(分)
课前工作	网络资源查找	按要求查找相应的资料得10分,查找资料不全按相应的查找情况得2~8分,未按要求查找不得分	10	
	课前资源学习及课前测试	按照云班课上资源学习的完成情况及课前测试得分给出相应的分值	10	

评价指标	评价要素	评价标准	总分(分)	得分(分)
参与状态	出勤情况	迟到或早退每次扣2分,缺勤每次扣10分	10	
	协作交流情况	按照能积极开展交流协作、能参与到其他同学的交流协作及通过教师引导参与同学交流协作三个档次分别得15分、10分、5分	15	
	积极思考,主动和教师交流	基础分6分,每次和教师交流加1分	10	
	深入思考,发现问题	基础分6分,每次发现相关问题并和教师交流加1分	15	
	遵守课堂纪律	每违反一次课堂纪律扣2分,直至扣完	10	
任务完成情况	工作计划	按照工作计划制订的完整度和合理性分别得2~10分,未制订工作计划不得分	10	
	工作任务	能够按计划完成相关工作任务得10分,每超过计划5min扣2分	10	
总分		权重分(20%)		

个人自评:

组内互评				
评价指标	评价要素	评价标准	总分(分)	得分(分)
课前工作	团队协作查找信息	总分10分,在课前能和小组成员一起查找资料,汇总资料,请按照参与程度分别得2~10分,若未参与打0分	10	
参与状态	小组讨论	总分15分,在小组学习过程中能积极参加讨论,按参与度得5~10分,若在讨论过程中有建设性意见每次加2分	15	
	小组协作	总分15分,在需要小组成员协作解决问题时,能积极参与,按照参与程度得5~10分,若在此过程中主持小组协作每次加2分	15	
	小组汇报	总分15分,按照汇报的情况,能进行小组汇报的成员得10~15分,能协助进行汇报的成员得5~10分	15	
	纪律问题	总分15分,遵守课堂纪律,尊重小组成员和相应的工作成果,如出现违反课堂纪律不尊重小组成员及劳动成果的现象,每次扣2分	15	
任务完成情况	工作任务	总分15分,认真与团队协作,按时按质完成工作任务。按照对团队的贡献从低到高分别得5分、10分、15分	15	

续上表

评价指标	评价要素	评价标准	总分(分)	得分(分)
任务完成情况	收尾工作	总分15分,在任务完成后能按照相关要求进行物品规整、资料整理等工作,按照参与度分别得5分、10分、15分	15	
总分		权重分(20%)		
组员评价:				

教师评价				
序号	任务	评价要点	配分(分)	得分(分)
1	准备焊接极耳材料	描述材料组成	10	
2	极耳焊接过程	描述极耳焊接工艺方法	15	
3		描述极耳焊接过程	25	
4	焊接检测	是否合格	20	
5	极耳焊接工艺对电芯的影响因素	简述有哪几种影响及解决办法	10	
6	安全要求	遵守安全规则	10	
7	环保要求	保护环境	5	
8	思政要求	精神素养	5	
考核团队				
总分		权重分(60%)		
总得分				
教师评价:				

四、拓展阅读

陈卫:储能电池领域的"拓荒者"与"燃灯者"

在当今全球对清洁能源的迫切需求下,储能电池技术成了能源转型的关键一环。在这个领域,陈卫教授宛如一颗耀眼的明星,闪耀着创新与奉献的光芒。他的故事,不仅是个人学术生涯的辉煌篇章,更是为国家能源事业添砖加瓦的生动写照,彰显着深厚的家国情怀与社会担当。

陈卫投身储能电池研究已逾二十载。多年前,当目睹我国在储能领域受限于国外技术,发展处处掣肘时,他便在心底立下宏愿:一定要在储能电池技术上取得突破,为国家能源安全与可持续发展开辟新路。这一想法,如同种子,在他心中生根发芽,激励着他开启漫长而艰辛的科研征程。

早期研究困难重重,储能电池研发不仅涉及材料学、化学、物理学等多学科交叉领域,技术门槛极高,且国内相关研究基础薄弱。但陈卫毫无惧色,一头扎进实验室。为搭建完备的实验体系,他四处奔走争取科研经费,亲自挑选和调试设备,常常忙至深夜。并且在组建团队时,他凭借自身深厚的学术造诣和人格魅力,吸引了一批来自不同学科的优秀人才。从此,他们在储能电池的科研道路上携手奋进。

在研发过程中,寻找高性能且低成本的电极材料成为首要难题。无数次实验,无数次失败,团队成员逐渐陷入迷茫。陈卫却始终保持乐观与坚定,他常说:"科研就像在黑暗中摸索,每一次失败都是在排除错误选项,只要坚持,曙光终会出现。"在他的鼓舞下,团队没有放弃。终于,经过上千次的材料配比尝试与结构优化,他们成功研发出了一种新型电极材料,大幅提升了电池的能量密度与充放电效率。这一突破,让中国在储能电池材料领域迈向世界前列。

技术突破只是第一步,实现产业化应用才是最终目标。为推动科研成果落地,陈卫积极与企业合作。在这个过程中,从实验室样品到大规模生产,诸多问题接踵而至,如生产工艺复杂、成本居高不下等。但陈卫凭借丰富的技术经验和卓越的沟通能力,带领团队与企业工程师紧密协作。他们深入生产一线,对每一道工序进行细致的分析与改进。经过不懈努力,成功优化了生产流程,降低了成本,实现了储能电池的规模化生产。

陈卫的成就,不仅在于技术突破与产业推动,更在于他对人才的培养。他始终认为,人才是国家科技发展的核心动力。在指导学生时,他既注重学术能力培养,又强调品德塑造。他鼓励学生勇于创新、敢于质疑,营造出活跃开放的学术氛围。在他的悉心指导下,一批又一批优秀人才从实验室走出,奔赴能源领域各个岗位,成为行业发展的中坚力量。

五、学习测试

一、单选题

1. 锂离子电池正极极耳的材料通常是(　　　)。

    A. 铜　　　　　　B. 铝　　　　　　C. 镍　　　　　　D. 钢

2. 极耳焊接时,影响焊接质量的关键因素是(　　　)。

    A. 焊接时间　　B. 焊接压力　　C. 焊接能量　　D. 以上都是

3. 极耳焊接中,焊接能量过高可能导致(　　　)。

    A. 虚焊　　　　B. 极耳熔断　　C. 焊接强度不足　　D. 焊接速度变慢

4. 极耳焊接时,焊接压力过小会造成(　　　)。

    A. 飞溅严重　　B. 虚焊　　　　C. 极耳变形　　D. 焊接热量过高

5. 极耳焊接后,对焊接质量进行外观检查时,主要检查(　　　)。

    A. 焊缝颜色　　B. 焊缝形状　　C. 极耳有无变形　　D. 以上都是

6.超声波焊接过程中,能量传递的介质是(　　　)。

   A.电流　　　　　　B.机械振动　　　　　C.激光束　　　　　D.电阻热

7.以下方法中可以预防极耳氧化的是(　　　)。

   A.高温储存　　　　B.密封包装　　　　　C.增加焊接压力　　D.延长焊接时间

二、填空题

1.极耳焊接的主要目的是实现极耳与_____的可靠连接。

2.极耳焊接工艺参数包括焊接能量、焊接时间、_____等。

3.激光极耳焊接具有能量集中、_____、_____、_____、_____等优点。

4.极耳焊接中,常见的缺陷有虚焊、_____、_____等。

5.超声波极耳焊接是利用_____使焊件表面相互摩擦产生热量实现焊接。

6.极耳焊接的质量直接影响电池的_____和安全性。

三、判断题

1.极耳焊接时,焊接时间越长,焊接质量越好。　　　　　　　　　　　(　)

2.所有电池的极耳都可以采用相同的焊接工艺。　　　　　　　　　　(　)

3.极耳焊接后,不需要进行质量检测。　　　　　　　　　　　　　　(　)

4.超声波焊接极耳适用于各种厚度的极耳。　　　　　　　　　　　　(　)

5.极耳焊接中,虚焊不会影响电池的性能。　　　　　　　　　　　　(　)

6.增加焊接能量一定能提高极耳焊接的强度。　　　　　　　　　　　(　)

7.极耳焊接设备的维护对焊接质量没有影响。　　　　　　　　　　　(　)

8.进行不同材质的极耳焊接时,焊接参数需要进行调整。　　　　　　(　)

9.正极极耳材料一般为铝。负极极耳材料一般为铜和镍。　　　　　　(　)

四、简答题

1.简述极耳焊接的重要性。

2.简述极耳焊接的原理。

3.简述超声波焊接的优缺点。

4.试分析极耳焊接出现虚焊的原因及解决措施。

工作任务二

极片卷绕

任务描述

当电芯生产企业销售部承接光伏电站储能系统项目后,向生产车间下达生产适配的圆柱形磷酸铁锂储能电芯任务,车间内围绕"极片卷绕"这一关键工序有了更为细化且具有针对性的操作流程。

工作人员按照工单领正、负极片、隔膜,着重核对极耳材质、尺寸,适配电极片,调试卷绕设备,精细调试卷针弧度与圆柱卷绕张力系统。按圆柱电芯要求装隔膜、放正负极片,留意极片极性与极耳对应,以确保电流顺畅,优化速度启动卷绕。操作人员应紧盯张力、卷绕直径等参数监控状态,遇极耳位移、卷绕松动等异常,立即停机调整,卷绕至预定层数精准裁切,完成初步成型。

任务目标

1. 知识目标

(1)掌握卷绕的原理和工艺流程。

(2)了解卷绕设备的分类及其原理。

(3)掌握卷绕工艺要求,如卷绕速度、张力大小、层数控制等关键要素。

2. 技能目标

(1)能按照标准流程,熟练且准确地操作手动卷绕机。

(2)能定期对手动卷绕机进行全面的检查与维护,并能及时发现潜在问题。

3. 素质目标

(1)培养秉持工匠精神、严谨细致的工作作风。

(2)培养责任意识和担当精神

(3)培养忠于职守、实事求是的职业道德。

建议课时

2~3课时。

一、知识学习

卷绕工艺

（一）卷绕的基础知识

极片卷绕工序是圆柱形锂离子电池生产中的核心环节之一,也是制约锂离子电池性能和成本的关键环节。因为卷绕过程具有很强的集成功能,使电池外观初露雏形,所以卷绕过程充当了锂离子电池制造过程枢纽的角色,是锂离子电池制造过程的关键工序。卷绕工序生产的卷芯通常被称作裸电芯。卷绕工序主要涉及锂离子电池正负极电极片的卷绕,隔膜的铺放和电池盒的组装等工作。

1.卷绕的定义

储能电芯卷绕是指在储能电芯制造过程中,将正极片、负极片和隔膜按照特定的顺序和方式卷绕成圆柱形或扁平状的电芯结构的电芯,从而为储能电池提供一个能够容纳和释放电能的核心部件。在卷绕过程中,正极片与负极片之间通过隔膜隔开,以防其发生短路。

2.卷绕的原理

从力学角度来看,卷绕过程中通过施加适当的张力,使极片和隔膜在卷绕轴的带动下,围绕中心轴做圆周运动,从而实现材料的有序卷曲。张力的控制至关重要,它能够确保极片和隔膜在卷绕过程中保持适当的紧密度和平整度,防止出现褶皱、松散等缺陷。

从电学角度来看,卷绕后的电芯结构能够有效缩短正负极之间的离子传输路径,提高电池的充放电效率。正、负极片在卷绕过程中既相互隔离又紧密相邻。隔膜则起到了防止正、负极直接接触短路的关键作用,同时允许锂离子在充放电过程中顺利通过,从而保证储能电芯能够稳定地进行电能的存储和释放。

3.卷绕工序所需材料

（1）正极片

通常由钴酸锂、三元材料或磷酸铁锂等活性物质涂覆在铝箔上制成。

（2）负极片

一般将石墨等负极活性物质涂覆在铜箔上。

（3）隔膜

具有良好的离子通透性和绝缘性,如聚乙烯、聚内烯等材质。

4.卷绕的工艺流程

锂离子电池的装配通常是指将正极片、负极片、隔膜、极耳、壳体等部件装配成电池的过程。装配过程通常可以分成卷绕和叠片、组装、焊接等工序。卷绕和叠片是将集流体上焊接有极耳的正负极片和隔膜制成"正极—隔膜—负极—隔膜"结构的方形或圆柱形电芯结构的过程。

（1）手动卷绕机卷绕的工艺流程

卷绕通常是先将极耳用超声焊焊接到集流体上,正极片采用铝极耳,负极片采用铜极耳或镍极耳,然后将正、负极片和隔膜按照顺序（正极—隔膜—负极—隔膜）进行排列,再通过卷绕组装成圆柱形电芯的过程。手动卷绕机卷绕工艺流程示意图如图 2-2 所示。具体做法是将正极片、负极片和隔离膜通过卷绕机的卷针机构卷制在一起,相邻的正极片与负极片之间被隔离膜隔绝,避免短路,卷绕完成后,通过收尾胶纸进行固定,防止卷芯散开,然后流转到下一工序。在这一过程的重中之重就是要确保正、负极片之间不发生物理接触短路,并且负极片横、纵两个方向都能完全包覆住正极片。

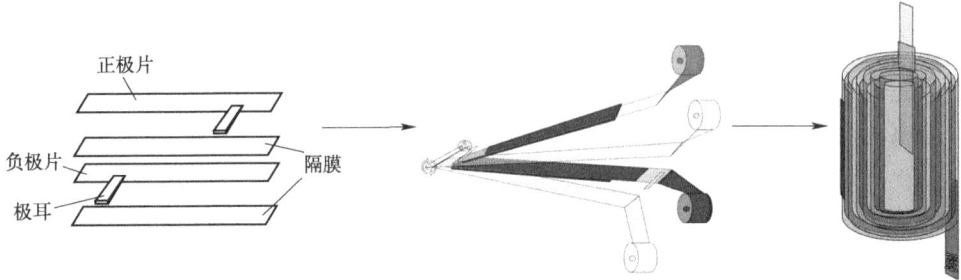

图 2-2　手动卷绕机卷绕工艺流程示意图

（2）全自动卷绕机的工艺流程

隔膜、正极片、负极片利用放卷机主动放料进入输送过程,隔膜经过除静电后进入卷绕工位,在卷针转动的驱动下进行预卷绕;极片经过除尘、极耳焊接、贴胶后进入卷绕工位,依次插入到预卷绕的隔膜中进行共同卷绕;切断极片和隔膜,贴胶固定电芯结构,进行短路检测,进入传输装置送入下一工序。全自动卷绕机卷绕工艺流程示意图如图 2-3 所示。

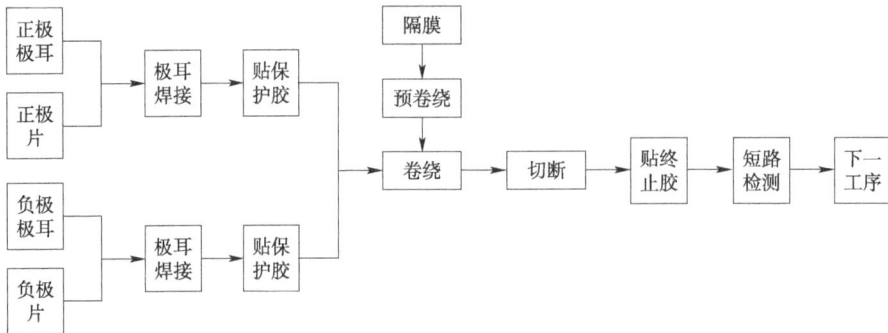

图 2-3　全自动卷绕机卷绕工艺流程示意图

（3）卷绕工艺要求

负极活性物质涂层能够包住正极活性物质涂层,负极的宽度通常要比正极宽 0.5～1.5mm,长度要比正极长 5～10mm;隔膜需要将正负极片完全隔开,一般情况下,隔膜比负极极片宽 0.5～1.0mm,比负极极片长 5～10mm。

卷绕工艺中主要的参数有卷绕速度、卷绕张力以及附带的焊接和贴胶等。不同设备对应的具体参数不同,其中极片和隔膜的张力控制直接影响电芯的松紧度及其一致性。在电芯卷绕过程中,张力过大会导致极片和隔膜拉伸发生塑性变形,严重时甚至拉断;张力过小会导致电芯的松紧度过低,还可能使卷绕不能正常进行。因此,在卷绕过程中必须对张力进行合理的控制。隔膜的张力控制为 0.3～1N,极片为 0.4～1.5N。

纠偏直接影响极片卷绕的整齐度,当纠偏精度降低或出现故障时极片卷绕会出现螺旋现象,这不仅会降低空间利用率,还会使电池的安全性能下降,手工卷绕时螺旋现象易发生。

5.胶封

贴胶是将胶带贴于极片和电芯的过程。对于卷绕和叠片电芯,应对电芯的底部、侧面、顶部和卷绕终止处进行贴胶。对于卷绕的极片,在极片的头尾部、焊接极耳处以及极耳引出部位也需要贴胶。典型贴胶固定方式如图2-4所示。

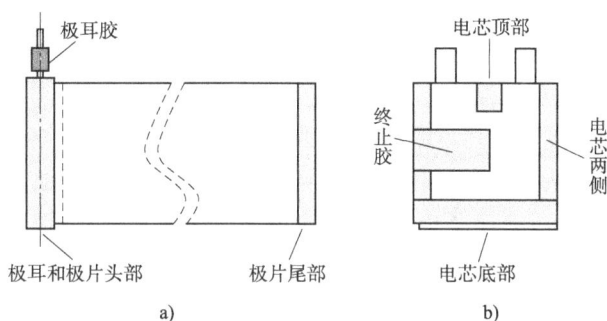

图2-4 典型贴胶固定方式

贴胶的作用主要是固定电芯形状和提高电池安全性能。极片和极耳贴胶的目的主要是防止极片和极耳上的毛刺刺破隔膜以及在使用不当时的短路,提高电池的安全性能。在电芯底部、侧面、顶部和卷绕终止处贴胶可以起到固定电芯、方便后续入壳装配和提高安全性能等多种作用。

胶带的质量、贴胶位置和尺寸会影响电池厚度和安全性能。贴胶过多会导致电池的有效体积降低,电池容量下降。胶带的耐高温性能、耐针刺强度、抗拉强度、耐电解液腐蚀性和电气绝缘性也会影响安全性能。锂离子电池极耳胶带通常采用丙烯酸类胶料和聚酰亚胺基材,终止固定及其他部位的胶带通常采用丙烯酸类胶料和聚丙烯基材。良好胶带需要具有适当的黏着力和揭开后不留残胶。

6.卷绕工艺的影响因素及注意事项

电芯卷绕是电池制造中的关键环节。对卷绕好的电芯需要特别小心地处理。在卷绕过程中,必须注意多个影响因素,如操作人员的熟练度和准确性、设备的运行状态和设置以及物料的质量规格等,以确保电芯质量。如果不注意这些因素,可能会导致多种不良后果。一些常见的不良后果包括电芯变形、性能下降甚至安全隐患。这些不良后果的产生原理通常与卷绕过程中的张力控制、对齐精度和物料特性等有关,如张力不足可能导致电芯松弛,而对齐不准则可能引起内部短路。此外,物料,如阴极、阳极和隔膜的宽度和质量也会影响电芯的性能和安全性。

为了避免这些不良后果,我们需注意如下要求。

(1)适量的电池片间隙

在锂离子电池卷绕过程中,应注意电池片间隙的控制,这对产品的电性能、可靠性和安全性等方面都有一定的影响。电池片间隙过大可能会导致电池容量降低、内阻增加,而电池片间隙过小则会导致电池内部出现电池片短路等安全隐患。因此,在卷绕过程中需要通过调整机械结构和卷绕张力等方法来保证合理的电池片间隙。

(2)正负极箔片对位

锂离子电池的正负极箔片对位准确性直接影响到产品的电性能和可靠性。在实际生产过程中,应尽量保证正负极箔片的对位精度,避免出现偏位等问题。一些生产厂家还可以通过自动或半自动装配线的方式来实现对位精度的控制,从而提高产品的一致性和生产效率。

(3)统一的卷绕张力

卷绕张力对于锂离子电池的电性能和安全性同样非常关键。在实际生产过程中,应尽量采用统一的卷绕张力,通过对工艺参数和机械结构进行调整来减少张力波动。

(4)科学的温度和湿度控制

锂离子电池制造过程中的环境温度和湿度也会对产品性能产生一定的影响,因此,应该进行科学的控制。一般认为,工作温度在 10 ~ 30℃ 范围内,相对湿度为 30% ~ 60% 时能够获得更好的效果。同时,在锂离子电池的储存、运输和使用过程中也应注意环境的适应性问题。

综上所述,锂离子电池的卷绕工艺是一个比较成熟的流程,但是在实际生产过程中仍需注意相关细节问题,这些细节的正确处理能够有效地提高生产效率和产品质量,为锂离子电池制造行业的发展带来更多的机遇。

(二)卷绕设备

1.卷绕机及分类

锂离子电池卷绕机用于卷绕锂离子电池电芯,是一种将电池正极片、负极片及隔膜以连续转动的方式组装成芯包的机器。将正极片、负极片、隔膜卷绕在一起的部分叫作卷针。目前大部分卷绕机采用圆形、椭圆形和扁菱形卷针。

(1)依据卷绕芯包的形状和类型不同,卷绕设备主要分为方形卷绕和圆柱形卷绕两大类。方形卷绕可以细分为方形自动卷绕机和方形制片卷绕一体机两类。通过方形卷绕出来的电芯主要用来制作动力(储能)方形电池、数码类电池等。

(2)按照自动化程度分为手动卷绕机、半自动卷绕机和全自动卷绕机。

①手动卷绕机需要操作人员手动进行卷绕,包括材料的送料、卷绕、切割等步骤。其特点是成本低,操作简单,适用于小批量生产或实验室环境,但生产效率相对较低,卷绕质量易受人为因素影响。

②半自动卷绕机的部分操作由机器自动完成,如自动送料、自动卷绕等,但仍需操作人员辅助完成部分步骤,如材料准备、成品取出等。半自动卷绕机适用于中批量生产,能够在一定程度上提高生产效率并保证卷绕质量。半自动卷绕机包括单针和多针圆柱形电池半自动卷绕机。半自动卷绕机适用于锂离子电池生产领域。优点是生产效率较高,卷绕质量相对稳定;缺点是需要一定的人工干预,仍未实现完全自动化。

③全自动卷绕机是由机器全自动完成卷绕过程,包括材料的自动送料、自动卷绕、自动切割、自动下料等步骤,无须人工干预。全自动卷绕机适用于大批量生产。优点是能够显著提高生产效率并保证卷绕质量的一致性;缺点是设备成本高,维护成本也相对较高。

2.手动卷绕机

(1) MSK-112A 手动卷绕机

本章节选用的是 MSK-112A 手动卷绕机,其适用于软包电池和圆柱电池的研发生产。其功能是在卷绕工艺过程中,完成正、负极片与隔膜纸的均匀卷合。整机用连体结构,选用优质的电气元件及材料制作而成。适用各类规格尺寸的电芯生产研发。其优点是体积小,操作简单。

卷绕设备

(2) 手动卷绕机的结构及原理

MSK-112A 手动卷绕机结构如图2-5所示。

a) 正面

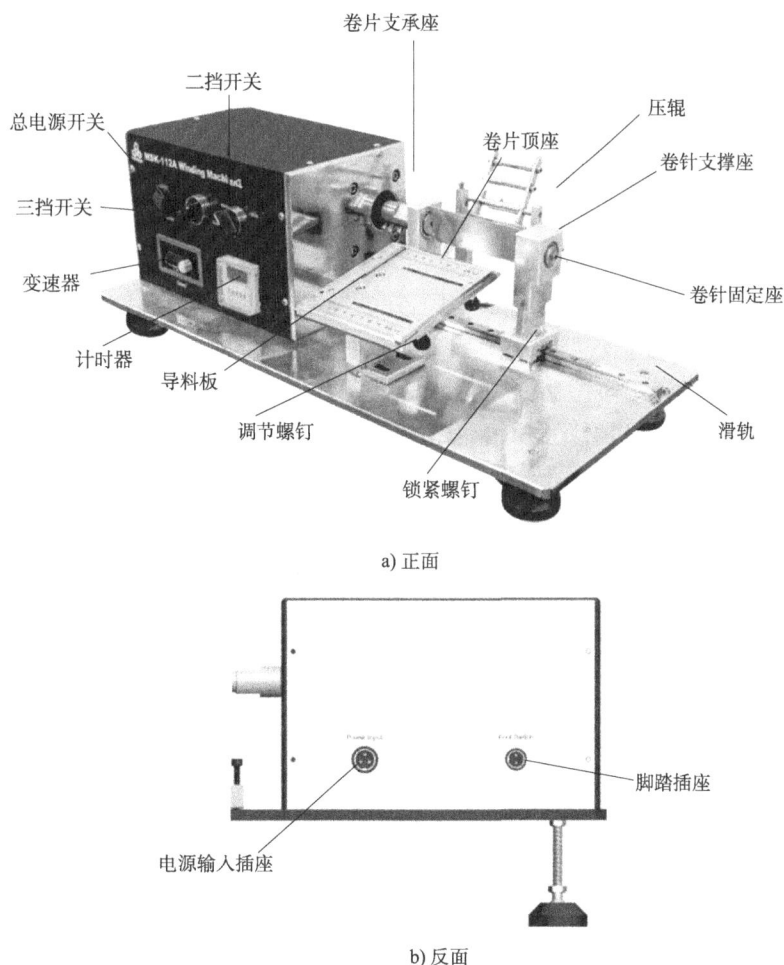

b) 反面

图2-5 MSK-112A 手动卷绕机结构

手动卷绕机的工作原理是利用交流电机带动卷针做360°圆周运动,辅以对中对齐的结构,通过人工手动在料台导轨之间缓缓送料,直至卷绕过程完成。

手动卷绕机的结构包括电源、开关、变速器、计时器、压辊、卷针固定座以及脚踏插座等。其中,两挡开关是指正转挡和反转挡,三挡开关是定时挡,当旋钮指向此挡时,用脚踩着脚踏开关不放,动作将自动在计时器设定的时间内完成,若松开脚踏开关,则动作中止。该步骤可方便调节极片对齐。

(3)手动卷绕机前期准备

①开机准备。

a. 首先在设备左侧后面板上插好与"电源插座"和"脚踏插座"对应的航空插头。

b. 检查设备右侧部分的螺钉是否紧固。

c. 检查设备左侧面板上的元器件是否完好无损。

②开机顺序。

将"电源插座"电源插头与市电连接,将"三挡开关"指向"Stop"挡,"两挡开关"可以根据要求指向,再将"变速器"的旋钮指向最低速度,然后按下"总电源开关"接通设备总电源,最后按下"变速器"上的开关,给变速器供电。

(4)手动卷绕机的操作过程

①程序部分。

根据要求,选择自动或者手动;选择电机的正、反转。如果选择自动,那么需要在计时器上设置自动执行时间。

②操作部分。

a. 将隔膜纸对折夹在对接式卷针的中间,在卷针一端套上卷针顶座。

b. 将没有顶座的一端插进"卷片顶座",同时将隔膜纸与左边的导轨块右侧面对齐。

c. 滑进"卷针支撑座",缓慢套进"卷针支撑座"上的"卷针固定座"里面,调节好对齐后,将外面的"卷针支撑座"通过"锁紧螺钉"锁死。

d. 将对齐出来的隔膜纸用手扶好,在手动程序下踩一下脚踏开关,转一圈隔膜纸。

e. 将正负极片对齐插入隔膜纸的间隔中。

f. 放下"压辊"让其附在隔膜纸和极片之上,起一个挡位,让隔膜和极片有一定的摩擦力,从而让电芯卷得更紧。

g. 卷绕好后,打开螺钉,将卷针拉出,取出卷好的电芯进行胶封。

③注意事项。

因为此设备为手动卷绕方式,卷绕的质量和效率依赖于操作的经验和熟练程度,所以对于初次操作者来讲,建议用手动模式,且转速应调至较慢的状态。不仅如此,还需要做好如下几方面要求:定期对操作人员进行培训以提高其技能和意识;定期检查和维护设备以确保其正常运行;严格把控物料的质量规格以防止次品进入生产流程。

(三)叠片工艺与卷绕工艺的对比

1. 定义

叠片工艺:

把正、负极片裁剪成所需尺寸,然后将它们与隔膜叠合在一起,形成小型电芯单体,接着把小电芯单体叠放并联形成电池模组,如图 2-6 所示。

叠片工艺
与卷绕工艺
对比

卷绕工艺:通过固定卷针将完成分条的正极片、隔膜和负极片根据一定顺序卷绕,并挤

压成圆柱形、椭圆柱形或方形;然后将这些卷绕好的极片放置在方形或圆柱形的金属外壳里。极片的尺寸和卷绕的圈数通常由电池的设计容量来决定。

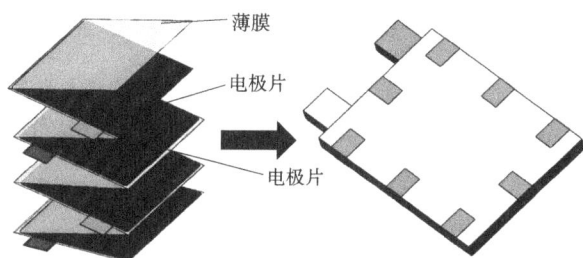

图2-6　叠片工艺过程

2. 电学性能差异

(1)内阻

相比之下,卷绕工艺制造的电池由于采用单极耳输出电流,内部电阻较高;叠片工艺制造的电池内部电阻较低,这是因为叠片工艺采用多个极耳并联焊接,缩短了锂离子的迁移路径,低内阻可改善电芯在使用时的发热情况,使电芯初始能量密度的衰减速率变慢。

(2)循环寿命

叠片工艺制造的电池具有较好的散热性能,其内部结构支持较均匀地分布热量;卷绕工艺制造的电池由于内部结构与机械表现出梯度性变化,散热方向不均匀,容易出现温度呈梯度分布的情况。这导致卷绕工艺的电池在长期使用中容易出现容量衰减较快的现象,造成电池的循环周期偏短。

(3)电极片机械应力

在机械应力方面,叠片工艺制造的电极片之间受力区域相同,无明显应力集中点,充放电过程极片材料层不易损坏;而卷绕工艺制造的电芯在弯折处产生应力集中,容易在电信号的刺激下导致电池发生结构性破坏、短路和锂金属析出等问题,从而影响电池的循环寿命。

(4)电池倍率性能

叠片工艺制造的电池相对于卷绕工艺具有更好的倍率性能,短时间内能更快地完成大电流放电。这是因为叠片工艺相当于将多个极片并联起来,增加了电流通道。

(5)能量密度设计差异

叠片工艺能更好地利用封装空间,增加有效材料的填充,因此叠片工艺制造的电池能支持更高的能量密度。而卷绕工艺由于电极片弯曲的圆形结构与所使用的双隔膜结构占据了一定空间,未能达到更高的空间利用率,所以能量密度较低。

3. 工艺特点

(1)叠片工艺

①优点

a. 容量密度高。叠片工艺能够更好地利用内部空间,相比卷绕工艺,在电池体积相同的情况下具有更高的容量。

b.能量密度高。叠片工艺制造的电池具有更高的放电平台和体积比容量,因此能够具有更高的能量密度。

c.尺寸灵活。叠片工艺可以根据锂离子电池的尺寸设计每个极片的尺寸,因此可以做成任意形状。

②缺点

a.容易虚焊。由于需要将多层正极或负极极耳焊接在一起,操作难度较大且容易虚焊。

b.设备效率低。

(2)卷绕工艺

①优点

a.点焊容易。卷绕工艺只需要对每个锂离子电池进行两处点焊,操作相对简单。

b.生产控制简单。卷绕工艺的一个电池两个极片,易于控制。

c.分切方便。每个电芯只需进行一次正负极的分切,难度系数小,并且不良品概率低。

②缺点

a.内阻较高且极化大,由于卷绕工艺正负极只有单一极耳,一部分电压会被消耗在电池内部极化过程中,所以电池的充放电倍率性能较差。

b.散热效果不佳,卷绕工艺不易操作电芯间的热隔离措施,若处理不当,容易导致局部过热,进而引发热失控。

c.电池厚度难以控制,由于卷绕工艺制造的电芯内部结构不均一,极耳处、隔膜收尾处以及电芯两侧的厚度容易不均。

二、任务实施

储能电芯极片卷绕工序任务实施步骤见表2-4。

储能电芯极片卷绕工序任务实施步骤　　　　　　表2-4

车间工作任务	储能电芯生产制备
生产岗位	卷绕工艺岗位
工艺路线	
原材料准备	准备焊接极耳后的正极片、负极片和隔膜
卷绕工艺 操作过程	步骤1:检查设备 MSK-112A 手动卷绕机是否能正常运行。 步骤2:首先,将隔膜纸对折夹在对接式卷针的中间,在卷针一端套上卷针顶座;然后,将没有顶座的一端插进"卷片顶座",同时将隔膜纸与左边的导轨块右侧面对齐;最后,滑进"卷针支撑座",慢慢将卷针的有顶座的另一端套进"卷针支撑座"上的"卷针固定座"里面,调节好并对齐后,将外面的"卷针支撑座"通过"锁紧螺钉"锁死。 步骤3:将对齐出来的隔膜纸用手扶好,在手动程序下踩一下脚踏开关,转一圈隔膜纸;然后,将正负极片对齐插入隔膜纸的间隔中。 步骤4:放下"压辊"让其附在隔膜纸和极片之上,起一个挡位和让隔膜和极片有一定的摩擦力,从而让电芯卷得更紧。 步骤5:卷绕好后,打开螺钉,将卷针拉出,取出卷好的电芯

检查电芯卷	步骤1:检查极片与隔膜状态。极片应无褶皱、断裂、掉粉等问题,隔膜需完整无破损、裂口,且隔膜纸边缘应平齐,不能超过电芯两端。 步骤2:检查极耳情况。极耳应无打折、翻折、断裂等现象,且极耳中心距应符合规格,保证与外部电路连接的可靠性。 步骤3:隔膜应完全隔开正负极,防止短路,且正负极头尾部的包位要符合工艺要求,中心孔无堵孔现象。 步骤4:检查松紧度。卷绕太紧会使极片受损,影响电池充放电性能;太松则易导致电芯变形、掉粉等问题,可通过按压等方式初步判断
胶封	电芯卷合格后进行胶封,应对电芯的底部、侧面、顶部和卷绕终止处进行贴胶,确保其无褶皱,粘贴牢固且位置准确,能有效固定卷绕结构
整体检查	步骤1:检查卷绕外观方面,查看电芯卷绕紧密、整齐与否,有无松散错位。 步骤2:尺寸上,精准测量直径、长度,契合标准,适配后续设备。 步骤3:电极检测时,保证极耳平整无弯折,测极耳与极片焊接处电阻,排查安全隐患。 步骤4:用绝缘电阻表初步测绝缘电阻,达安全标准,保工序安全
车间管理	8S管理

三、任务评价

磷酸铁锂电芯卷绕理实一体化任务评价表见表2-5。

磷酸铁锂电芯卷绕理实一体化任务评价表　　　　　　表2-5

班级		成员			
组号		时间			
自我评价					
评价指标	评价要素	评价标准		配分(分)	得分(分)
课前工作	网络资源查找	按要求查找相应的资料得10分,查找资料不全按相应的查找情况得2~8分,未按要求查找不得分		10	
	课前资源学习及课前测试	按照云班课上资源学习的完成情况及课前测试得分给出相应的分值		10	
参与状态	出勤情况	迟到或早退的每次扣2分,缺勤每次扣10分		10	
	协作交流情况	按照能积极开展交流协作、能参与到其他同学的交流协作及通过教师引导参与同学交流协作三个档次分别得15分、10分、5分		15	
	积极思考,主动和教师交流	基础分6分,每次和教师交流加1分		10	
	深入思考,发现问题	基础分6分,每次发现相关问题并和教师交流加1分		15	
	遵守课堂纪律	每违反一次课堂纪律扣2分,直至扣完		10	

续上表

评价指标	评价要素	评价标准	配分(分)	得分(分)
任务完成情况	工作计划	按照工作计划制订的完整度和合理性分别得2~10分,未制订工作计划不得分	10	
	工作任务	能够按计划完成相关工作任务得10分,每超过计划5min扣2分	10	
总分		权重分(20%)		
个人自评:				

组内互评

评价指标	评价要素	评价标准	配分(分)	得分(分)
课前工作	团队协作查找信息	总分10分,在课前能和小组成员一起查找资料,汇总资料,请按照参与程度分别得2~10分,若未参与得0分	10	
参与状态	小组讨论	总分15分,在小组学习过程中能积极参加讨论,按参与度得5~10分,若在讨论过程中有建设性意见每次加2分	15	
	小组协作	总分15分,在需要小组成员协作解决问题时,能积极参与,按照参与程度得5~10分,若在此过程中主持小组协作每次加2分	15	
	小组汇报	总分15分,按照汇报的情况,能进行小组汇报的成员得10~15分,能协助进行汇报的成员得5~10分	15	
	纪律问题	总分15分,遵守课堂纪律,尊重小组成员和相应的工作成果,如出现违反课堂纪律不尊重小组成员及劳动成果的现象,每次扣2分	15	
任务完成情况	工作任务	总分15分,认真与团队协作,按时按质完成工作任务。按照对团队的贡献从低到高分别得5分、10分、15分	15	
	收尾工作	总分15分,在任务完成后能按照相关要求进行物品规整、资料整理等工作,按照参与度分别得5分、10分、15分	15	
总分		权重分(20%)		
组员评价:				

教师评价				
序号	任务	评价要点	配分(分)	得分(分)
1	准备材料	描述材料组成	5	
2	卷绕过程	描述卷绕工艺方法	15	
3		描述卷绕操作过程	15	
4	检查电芯	是否合格	15	
5	胶封	是否合格	10	
6	检查	是否合格	15	
7	卷绕工艺对电芯的影响因素	简述有哪几种影响及原因	10	
8	安全要求	遵守安全规则	5	
9	环保要求	保护环境	5	
10	思政要求	精神素养	5	
考核团队				
总分		权重分(60%)		
总得分				
教师评价:				

四、拓展阅读

王振飞:中国电动汽车第一人

王振飞,中国电动汽车第一人,中国新能源电动汽车的推动者,中国新能源汽车后市场网络缔造者。

中国新能源电动汽车发展史上,王振飞创造了太多的第一,被称为中国电动汽车第一人。王振飞作为中国新能源电动汽车发展的主要推动者,通过他的行动开启了中国新能源电动汽车新旅程。

他是证明电动汽车开得远(3100km)的第一人;他是证明电动汽车开得高(唐古拉山口5231m)的第一人;他是世界上首次开电动汽车穿越青藏高原的第一人;他是世界最高海拔充电桩建设者的第一人。但他也是起点不高的普通人——爱国者产品经理出身,对电子器件有着与生俱来的钟爱和敏感,从2007年开始,他成为中国最早一波互联网创业者,做过儿童平板电脑,做过UI设计、市场策划等多种类型的产品。

2014年,王振飞放弃了这一切,开始了新的创业路。他创立了中国最大的电动汽车充电网络运营服务提供商和用户承载平台,深圳充电网科技有限公司。创业一年,公司从1个人发展到120人。之后,他又创立了深圳比特币科技有限公司,成为比特币矿机研发和生产商。可以说,王振飞是一名疯狂的创客,有着疯狂的行事风格。在疯狂之下,是他冷静的头脑与清晰的判断。王振飞表示,节能环保是这个时代的潮流,现在新能源电动汽车技术已实现规模化。发展电动汽车,技术不存在任何问题,中国会成为电动汽车普及最快的市场,零碳生活离我们不再遥远。

五、学习测试

一、单选题

1. 在卷绕工艺中,主要将( )进行卷绕。

    A. 正极片、负极片、电解液　　　　　　B. 正极片、负极片、隔膜

    C. 正极片、隔膜、外壳　　　　　　　　D. 负极片、隔膜、电解质

2. 卷绕工艺中,隔膜的主要作用是( )。

    A. 提供电子传输通道　　　　　　　　B. 储存电解液

    C. 防止正负极直接接触　　　　　　　D. 增加电芯的强度

3. 从电学角度来看,卷绕后的电芯结构能( )。

    A. 延长正负极之间的离子传输路径　　B. 缩短正负极之间的离子传输路径

    C. 对离子传输路径无影响

4. 以下不是正极片常用活性物质的是( )。

    A. 钴酸锂　　　　　　B. 石墨　　　　　　　C. 磷酸铁锂

5. 锂离子电池正极片的基材通常是( )。

    A. 铜箔　　　　　　B. 铝箔　　　　　　C. 聚丙烯　　　　　　D. 石墨

6. 在电芯卷绕过程中,张力过大可能导致( )。

    A. 电芯的松紧度过低

    B. 极片和隔膜拉伸发生塑性变形,严重时甚至拉断

    C. 卷绕不能正常进行

7. 卷绕工艺中,负极片的宽度通常比正极片宽( )。

    A. 0.5 ~ 1.5 mm　　B. 1 ~ 2 mm　　　　C. 2 ~ 3 mm　　　　D. 与正极片相同

8. 胶带在卷绕电芯中的作用不包括( )。

    A. 提高能量密度　　　　　　　　　　B. 固定电芯形状

    C. 防止极片毛刺刺破隔膜　　　　　　D. 增强安全性能

9. 卷绕后的电芯需要进行烘烤,其主要目的是( )。

    A. 去除水分　　　　　　　　　　　　B. 提高电芯的导电性

    C. 增加电芯的容量　　　　　　　　　D. 改善电芯的外观

10. 卷绕过程中,若极片出现褶皱,可能由( )导致。

    A. 极片材质过硬　　　　　　　　　　B. 卷绕速度过快

    C. 张力不均匀　　　　　　　　　　　D. 以上都是

11. 以下卷绕设备适用于大批量生产的是(　　　)。

　　A. 手动卷绕机　　B. 半自动卷绕机　　C. 全自动卷绕机　　D. 叠片机

二、填空题

1. 卷绕工艺是将 _____、_____ 和 _____ 按照一定的顺序进行卷绕,形成 _____ 的过程。

2. 将正负极隔膜卷绕在一起的部分叫 _____,目前大部分卷绕机采用 _____、_____ 和 _____ 卷针。

3. 卷绕过程中,需要保证正、负极片之间有 _____ 隔开,以防止 _____。

4. 卷绕工艺中的 _____ 主要用于固定卷芯,防止极片散开。

5. 负极活性物质一般涂覆在 _____ 箔上。

6. 贴胶的作用主要有 _____ 和 _____。

7. 卷绕完成后的电芯,其外观应无 _____、无破损等缺陷。

8. 在卷绕工艺中,_____ 的控制对于电芯的质量和性能有着重要的影响,如果张力过大可能导致 _____,如果张力过小可能导致 _____。隔膜的张力控制范围为 _____。

9. 手工卷绕时,当 _____ 精度降低或出现故障时会出现螺旋现象。

三、判断题

1. 卷绕工序中,隔膜的主要作用是防止正、负极片短路。　　　　　　　　(　　)

2. 负极的宽度通常要比正极宽,长度也要比正极长。　　　　　　　　　　(　　)

3. 卷绕速度越快,卷绕工艺的生产效率越高,产品质量就越好。　　　　　(　　)

4. 卷绕时极片的张力越大,卷绕出来的电芯质量越好。　　　　　　　　　(　　)

5. 卷绕机的卷绕速度是固定不变的,不能根据生产需求调整。　　　　　　(　　)

6. 卷绕工艺中,隔膜需要完全覆盖负极片。　　　　　　　　　　　　　　(　　)

7. 卷绕完成的电芯可以直接进行封装,不需要进行任何检测。　　　　　　(　　)

8. 在卷绕过程中,不需要对极片和隔膜的位置进行检测和调整。　　　　　(　　)

9. 隔膜的厚度越厚,电池的安全性越高。　　　　　　　　　　　　　　　(　　)

10. 全自动卷绕机需要人工干预极片送料。　　　　　　　　　　　　　　(　　)

四、简答题

1. 简述卷绕工序在储能电芯智能制造中的重要性。

2. 简述卷绕的原理。

3. 简述卷绕机的分类。

4. 简述手动卷绕机的工艺流程。

工作任务三

电池封装

任务描述

电芯生产装配企业销售部接到光伏电站储能系统建设项目后,给生产车间下达储能电芯装配任务,要求装配一批圆柱形磷酸铁锂储能电芯,保证质量,按期交付。

本任务旨在将卷绕后、注液前期工序的电池芯体,通过一系列精密操作与特定工艺,封装于密封且具备保护功能的外壳内,确保电池在各类应用场景下具备卓越的安全性、稳定性与长使用寿命,同时能够满足相应生产标准与质量要求。

任务目标

1. 知识目标

(1)掌握封装的概念、分类及特点。

(2)掌握封装的工艺流程。

(3)掌握封装设备构造和工作原理。

2. 技能目标

(1)能够撰写封装工艺方案。

(2)能够按照工艺要求,对电芯进行封装。

(3)具有操作、维护、检修封装设备的能力。

3. 素质目标

(1)培养团队合作精神。

(2)培养家国情怀和使命担当。

建议课时

8~10 课时。

一、知识学习

（一）电池封装的基础知识

1. 电池封装的定义

电池封装是指将电池单元通过一定的结构设计和材料选择封装成一个整体的过程，以实现对电池的保护、绝缘、密封和固定等功能，确保电池安全可靠的运行和长寿命。电池封装过程通常包括外壳准备、电芯置入、极耳焊接、封口处理和气密检测等 5 个关键步骤。

2. 电池封装的作用

储能电芯封装制造与动力电池类似，主要为方形、圆柱形和软包三种形式，如图 2-7 所示。电池封装工艺的是在保证安全性的前提下提升电池能量密度上限，即利用电芯外壳的支撑作用，减少模组结构件使用，提升电池包的能量密度。软包外壳的支撑较弱，因此，中期来看，方形和圆柱形电池更能适应结构上的创新。

电池封装不仅可以使电池的寿命得到保证，还增强了电池的抗击强度。锂离子电池内部存在动态的电化学反应，其对水分、氧气较为敏感，电芯内部存在的有机溶剂，如电解液等遇水、氧气等会迅速与电解液中的锂盐反应生成大量的 HF，影响电芯电化学性能（如容量、循环寿命等）。产品的高质量和高寿命是赢得客户满意的关键，所以组件的封装质量非常重要。

3. 电池封装的分类

（1）方形封装

方形锂离子电池主要组成部件包括：由顶盖、壳体、正极板、负极板、隔膜组成的叠片或者卷绕，绝缘件，安全组件等，如图 2-8 所示。方形锂离子电池包括两个安全结构，即 NSD 针刺安全装置和 OSD 过充保护装置。壳体一般为钢壳或者铝壳，随着市场对能量密度的追求的驱动以及生产工艺的进步，铝壳逐渐成为主流。

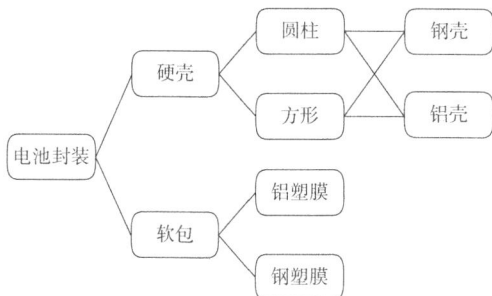

图 2-7　电池封装

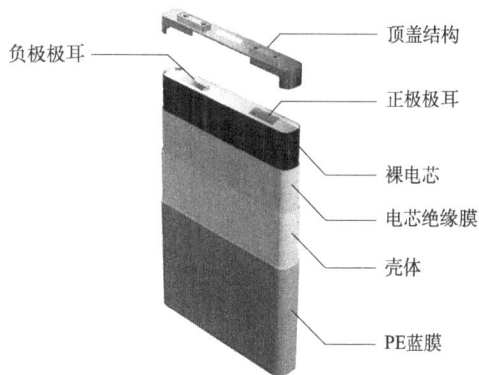

图 2-8　方形电池结构组成

方形电池的普及率在国内很高，随着近年汽车动力电池的兴起，汽车续航里程与电池容量之间的矛盾日渐凸显，国内动力电池厂商多采用电池能量密度较高的铝壳方形电池。

①优点

方形电芯的封装壳体大多为铝合金以及不锈钢等材料，电池内部采用卷绕工艺或叠片工艺，对电芯的保护作用更优于软包锂离子电池，电芯的安全性相较于圆柱形锂离子电池也有较大的改善。方形电池的结构较为简单，不像圆柱形电池采用强度较高的不锈钢作为壳体及具有防爆安全阀的等附件，所以整体附件重量要轻，相对能量密度较高，单体数量自然随之降低，对电池管理系统(BMS)的要求也就更低。

②缺点

方形电芯包由于可以根据产品的尺寸进行定制化生产，但因此也会使得市场上有众多不同型号的方形锂离子电池。而过多不同型号的锂离子电池，将会导致工艺很难统一，使得自动化水平不高，单体差异性较大，也可能存在成组的方形锂离子电池的寿命远低于单个锂离子电池的寿命的问题。

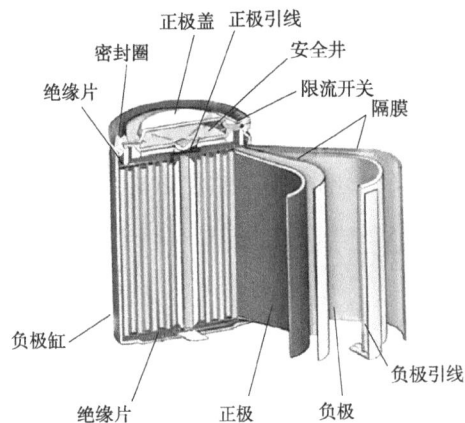

图2-9 圆柱形电池结构组成

（2）圆柱形封装

圆柱形锂离子电池分为磷酸铁锂、钴酸锂、锰酸锂、钴锰混合、三元材料不同体系。不同材料体系电池有不同的优点。外壳分为钢壳和聚合物两种。一个典型圆柱形电池的结构包括外壳、盖帽、正极、负极、隔膜、电解液、PTC元件、垫圈、安全阀等，如图2-9所示。一般电池外壳为电池的负极，盖帽为电池的正极，电池外壳采用镀镍钢板。

优点：圆柱形锂离子电池是最早成熟工业化的锂离子电池产品，经过20多年的发展，现如今圆柱形锂离子电池生产工艺成熟，生产效率较高，成本也相对较低，所以圆柱形电池模组的成本也相对较低，锂离子电池成品较方形锂离子电池和软包锂离子电池都要高，其一致性与安全性也较为优秀。

缺点：圆柱电芯由于一般采用钢壳封装，虽然安全性比较高，但是重量却会因此较重，这样会使得锂离子电池包的比能量相对较低。圆柱这样的外形会导致空间利用率低、径向导热差导致的温度分布问题等。由于圆柱形锂离子电池的径向导热性能不佳，电池的卷绕圈数不能太多(18650电池的卷绕圈数一般在20圈左右)，因此单体容量较小，应用在电动汽车上时需要大量单体组成电池模组和电池包，连接损耗和BMS管理复杂度都大大增加。

（3）软包封装

软包锂离子电池是液态锂离子电池套上一层聚合物外壳，与其他电池最大的不同之处在于软包装材料，这也是软包锂离子电池中最关键、技术难度最高的材料。软包锂离子电池的基本结构与圆柱形锂离子电池和方形锂离子电池类似，只是软包锂离子电池是液态锂离子电池套上一层聚合物外壳，在结构上采用了铝塑膜作为包装材料的电池，需使用热封装。软包锂离子电池结构组成如图2-10所示。

软包锂离子电池所用材料和处理工艺与传统的钢壳、铝壳锂离子电池之间的区别不大,大的不同之处在于软包装材料(铝塑复合膜),这是软包锂离子电池中关键的材料。软包装材料通常分为三层,即外阻层(一般为尼龙 BOPA 或 PET 构成的外层保护层)、阻透层(中间层铝箔)和内层(多功能高阻隔层)。

图 2-10　软包锂离子电池结构组成

①优点

安全性能好,软包锂离子电池在结构上采用铝塑膜包装,相对于硬壳封装不易发生爆炸;能量密度高,软包锂离子电池重量较同等容量的钢壳锂离子电池轻 40% ,较铝壳锂离子电池轻 20% 。

②缺点

软包锂离子电池目前需要解决标准化与成本高、铝塑膜严重依赖进口、一致性较差等问题。

(4)三种封装方式对比

圆柱形、方形、软包锂离子电池封装工艺对比见表 2-6。

不同电池封装方式　　　　　　　　　　　　表 2-6

电池类型	优点	缺点
圆柱形锂离子电池	属于硬壳封装,圆柱形锂离子电池工艺成熟,包装成本较低,电池良品率和电池一致性高,单体散热面积更大	电池成组之后散热设计难度加大,能量密度低
方形锂离子电池	封装可靠性高,系统能量效率高,能量密度高,结构简单,扩容方便,可以通过提高单体容量提升能量密度	由于市场定制化产品过多,工艺很难统一,生产自动化水平不高,单体差异巨大,在规模应用中存在系统寿命低于单体寿命的问题
软包锂离子电池	安全性能好,质量较轻,具有较高的质量能量比,内阻小,循环寿命长	型号众多导致自动化程度低,生产效率低,成本高,高端铝塑膜严重依赖进口,一致性较差

4. 电池封装的工艺流程

圆柱形锂电池的组装工序主要包括如下。

(1)入壳

卷芯入壳前需要进行短路测试,测试电压为 200 ~ 500 V,确认是否存在高压短路。将下面垫片垫入卷芯底部,弯折负极耳,使极耳面正对卷芯卷针孔,最后垂直压入钢壳,如图 2-11 所示。卷芯的横截面积应小于钢壳内截面积,入壳率为 97% ~ 98.5% ,因为要考虑到极片反弹值和后期注液时下液程度;同样步骤,将上面垫片也装配完成。常见的缺陷包括如下:

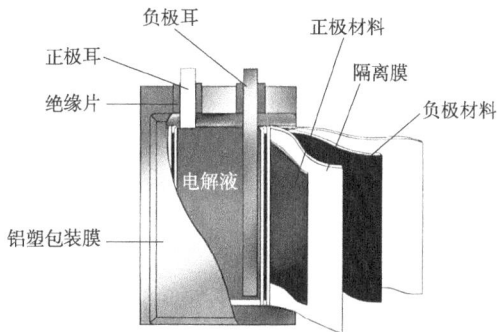

封装工艺流程

①卷心损伤:由于定位不准,卷芯刮伤或者受压。
②壳体变形:由于压力过大,壳体变形异常。

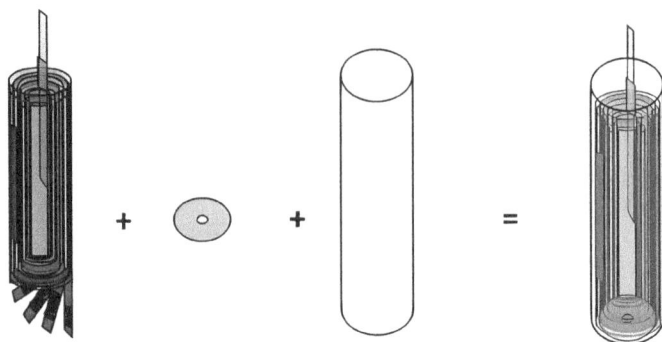

图 2-11　入壳示意图

(2)底焊

将焊针(一般是铜质或合金材质)插入卷芯中间孔,将负极耳与钢壳焊接在一起,必须严格控制焊接电流、时间、压力,做到极耳无炸火、滤焊、脱落这些不良现象,翘体底部无焊穿、凸凹点、变形、炸火等不良现象。焊针规格在 $\phi2.5mm \times 1.6mm$,达到负极极耳焊接强度大于或等于 12N 为合格。如果焊接强度过低,容易虚焊,内阻偏大;如果焊接强度过高,容易将钢壳表面的液层焊掉,导致焊点处生锈、漏液等隐患。底焊示意图如图 2-12 所示。

(3)滚槽

滚槽可以简单理解为将卷芯固定在壳体内不晃动。滚槽时,需特别注意横向挤压速度和纵向下压速度的匹配。避免横向挤压速度过大将壳体割破;纵向下压速度过快,会导致槽口镍层脱落或影响槽高进行影响封口。滚槽高度需严格把控,过低时卷芯被破坏,过高时卷芯容易松动。滚槽示意图如图 2-13 所示。

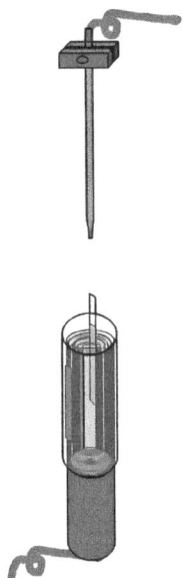

图 2-12　底焊示意图

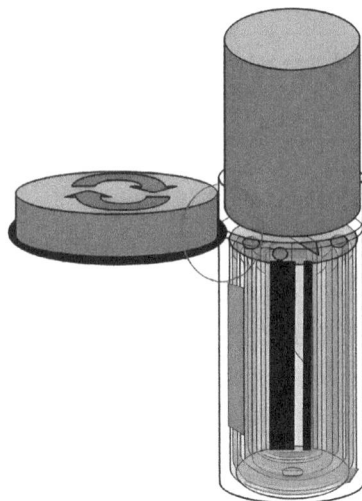

图 2-13　滚槽示意图

（4）烘干

电芯在制作过程中会带入一定的水分,如果不能及时地控制水分,满足标准要求,将会严重影响电池性能的发挥和安全性能。一般采用自动真空烤箱进行烘烤。将卷芯整齐放入带烘烤电芯的烘箱内,在烘箱里面摆好干燥剂,设置参数,烘烤一定的时间,测试水分,直至卷芯的水分含量达到标准后才能进行下一工序。

（5）注液

通过注液机将电解液注入烘烤后水分要求合格的卷芯。注液完成后,锂离子电池的四大主要材料均被应用到电芯之中。注液工序的关键在于精控注液量、控温、控湿及防水,且需达到电解液能够较好地浸润渗透到正负极片的效果。电解液量的多少直接关系着电池的安全性能和容量。如果注液量过多,电池内部产气量较大,圆柱形锂离子电池的安全阀往往会过早开启;如果注液量过少,圆柱形锂离子电池容量会偏低,而且析锂,更容易产生热失控,甚至引起爆炸。

（6）焊盖帽

电芯正极耳与盖帽极耳对齐,进行超声焊接,之后需要全检电芯,检查极耳焊接效果,首先是观察极耳是否对齐,其次是轻拉极耳,看极耳是否松开。虚焊的电芯需要重新进行焊接,将盖板与正极耳焊接在一起,这时整个盖板就是电池的正极。焊接的管控点在于防止虚焊、偏焊及盖帽外观不良的问题。

（7）封口

将钢壳与盖板密封,整个卷芯就是一个密闭的电化学系统。封口工序是整个电芯制造最后一道至关重要的工序,其压力成型技术的工艺稳定性决定了电池的密封性是否完好、可靠。完成封口工序意味着一颗外形完整的电芯制造已经全部完成。

（8）清洗

清洗的目的是清除电池钢壳表面残留的电解液,防止电解液腐蚀钢壳。

（二）封装工序及其主要设备

1.底焊

（1）定义

负极极耳焊接（底焊）

在圆柱形储能电芯制造的封装工序中,底焊是指将电芯底部的金属部件(如负极集流体等)与封装外壳底部进行焊接的操作。这一过程很关键,就像是给电芯底部打一个牢固的"地基"。底焊的目的主要是实现良好的电连接,确保电芯负极能够有效地向外导出电流;同时,增强电芯底部的密封性,防止电解液等物质泄漏,从而提升电芯的安全性和稳定性。

（2）主要设备

MSK-330A精密点焊机是目前广为流行的交流脉冲点焊机,是根据目前世界上生产高档电池(镍镉、镍氢、锂离子电池)所需而特殊设计的。它采用微计算机单片机控制,性能更加稳定可靠。

（3）特点

它主要具有以下特点：

①外形美观、轻巧。

②焊点美观,火花小,无发黑,焊接电流稳定,焊点大小均匀。

③完全克服锂离子电池点焊后出现低压和出水现象,是生产组装电池的理想设备。

④采用微计算机单片机控制,可以实现单脉冲、双脉冲及多脉冲焊接。

⑤各项参数均为数码化设置,因而参数调节直观准确。

⑥对位准确,适合小帽电芯的焊接,成品率高。

⑦两焊针的压力独立调节,且调节方便,确保焊接压力稳定可靠。

⑧焊接开关是国内唯一采用的光电开关,杜绝同类机需更换开关之苦。

(4)设备结构

MSK-330A 精密点焊机设备结构如图 2-14 所示。

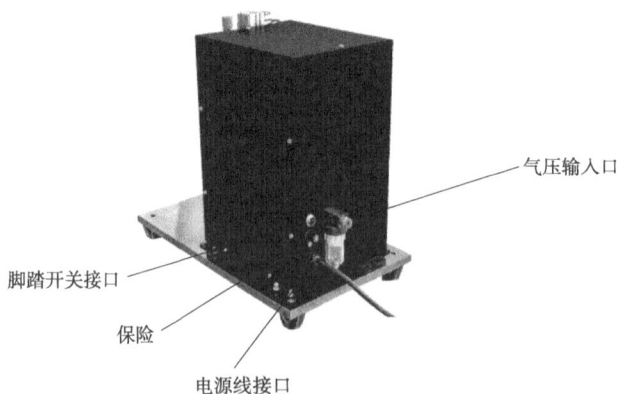

a) 正面图

b) 背面图

图 2-14 MSK-330A 精密点焊机设备结构

(5)预操作步骤

①用手拧焊接压力调整螺钉,按顺时针方向旋转则压力增大;反之则减小。根据所焊的需求调整适当的压力。

②输入气压的调整:用手拧着气压调节阀向上拉起,按顺时针方向旋转气压增大,反之则减小;同时,气压表显示其读数,然后按下此调节阀固定其值。用手拧着气缸输入速度调整阀,按逆时针方向旋转气压增大,机头下降快;反之气压减小,机头下降慢。

③气缸输出速度的调整:用手拧着气缸输出速度调整阀,按逆时针方向旋转气压增大,机头上升快;反之气压减小,机头上升慢。

接通电源:先将插头插到电源插座上,然后打开电源开关,工作指示灯不断闪烁为正常。如果工作指示灯不亮或亮而不闪,须关闭电源重新启动一次。

④试焊

用脚踩触动开关,机头下降,当焊针压到焊件后,同时两焊接开关呈闭合状态,便放电焊接。根据焊接情况改变焊接电流、焊针压力、气压压力直到焊接效果最佳。为了保证良好的焊接质量,必须勤于修整焊针,用小锉刀将焊针尖端锉平整光滑。

(6)焊接过程

通气—把电池套到焊针上—踩脚踏开关—底座弹至焊针处—机头下降焊接—焊接完机头自动上升—底座复位—拿下电池。

(7)常见故障处理

MSK-330A 精密点焊机设备常见的故障及改进措施见表2-7。

MSK-330A 精密点焊机故障及措施　　表2-7

序号	故障现象	产生原因	排除方法
1	开机无电源指示	15A 保险管烧毁	更换相同规格保险管
		输入电源故障	检修电源线路
2	开机无电源指示,但开关自身指示灯亮	控制板震动	将控制板按正确方向插好
3	有电源指示,无焊接火花	气压压力过小	增大气压压力
		焊接电流参数调得过小	增大焊接电流值
		焊针下端面与焊针距离不合适	调整电池与焊针距离为 3～4mm
		光电开关损坏	更换光电开关
		工作指示灯不亮或不闪烁,主要是电源干扰导致	关掉电源开关,重新打开
4	焊接时容易打火,甚至烧焦电池外壳	焊针压偏小	增加焊接压力
		焊针下端面粘有异物	用小锉刀将焊针端面锉平整光滑
		焊接材料不对	选择合适的焊接材料
		焊接电流太大	减小焊接电流
		两焊针头高度不在同一水平面上	将焊针头高度调整在同一水平面上

(8)维护

①定期按规程进行整机维护。

②定期补充专用润滑剂,避免干摩擦损耗。

2. 滚槽

(1)定义

在圆柱形储能电芯、封闭工序中,"滚槽"就是通过机械加工(如旋转刀具或滚压设备)在电池壳体开口端的内壁或外壁形成环形凹槽的工艺。

通过滚槽设备,利用滚轮挤压电芯外壳,使外壳产生环形的凹陷。这个凹槽有重要的作用:①固定电芯的盖帽或者其他端部组件,使它们与电芯外壳连接得更紧密、稳固;②对电芯内部的电极等部件起到定位的作用,防止在后续的使用过程中内部部件发生轴向的位移,确保电芯整体结构的稳定,保障电芯性能和安全性。

(2)主要设备

该过程采用 MSK-500 小型半自动圆柱形电池滚槽机,标配是 18650 电池壳滚槽模具。MSK-500 圆柱形电池滚槽机是专门为研究所、实验室、大学教学及小批量生产的企业量身定做,可对各种不同的圆柱形电池壳进行滚槽加工。

(3)设备结构

MSK-500 小型半自动圆柱形电池滚槽机如图 2-15 所示。

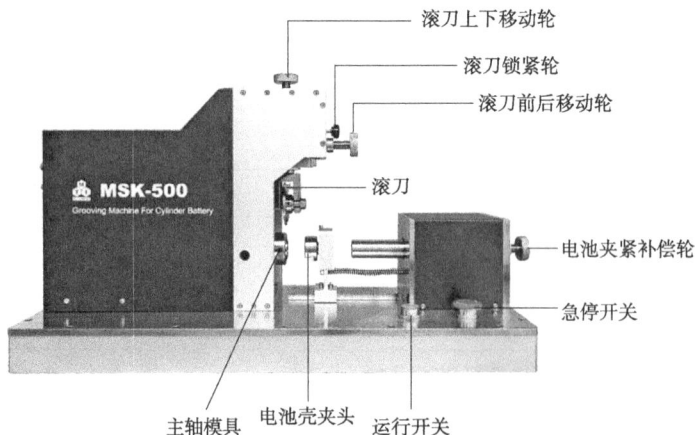

图 2-15　半自动圆柱形电池滚槽机设备结构

(4)操作过程

①将电池壳尾部套入电池壳夹头,向后拉开并把电池钢壳负极套进,再把电池钢壳开口的一侧套进主轴模具,最后松开手电池钢壳装夹完成。

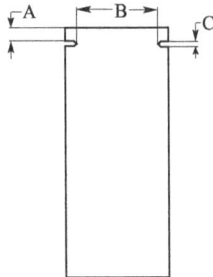

②设置计时器,计时器是控制滚槽深度的,一般调到 2 ~ 3.5s 即可。

③按下运行开关后,设备开始自动完成滚槽,拉开电池夹头取出已滚好的电池壳即完成。

(5)不同型号电池壳滚槽的技术参数

常见电芯滚槽示意图如图 2-16 所示,不同型号电芯滚槽参考尺寸见表 2-8。

图 2-16　电芯滚槽示意图

不同型号电芯滚槽参考尺寸(单位:mm)　　　　表 2-8

电池型号	参考尺寸		
	A	B	C
18650	3.4 ~ 3.7	13.6 ~ 14.2	1.3 ~ 1.5
26650	4.0 ~ 4.3	21.0 ~ 22.5	1.3 ~ 1.5
CR123	3.0 ~ 3.3	12.2 ~ 12.5	1.3 ~ 1.5
32650	4.7 ~ 5.0	25.5 ~ 26.0	1.3 ~ 1.5
14500	3.4 ~ 3.7	9.8 ~ 10.2	1.3 ~ 1.5
AAA	3.4 ~ 3.7	6.5 ~ 6.8	1.3 ~ 1.5
21700	3.4 ~ 3.7	17.2 ~ 18.2	1.3 ~ 1.5

(6)常见故障处理

①滚槽滚断。

产生原因:有调机不合理、同时启用的设备太多而使气压不稳定以及滚槽时间过长。

解决措施:把电池夹紧补偿轮向前拧,利用计时器调整合适的时间。

②滚槽深度尺寸不合格。

a.由滚刀上、下移动轮被调后不合理导致,应使滚刀外圆边对准主轴模具中间孔的上边并拧紧滚刀上下移动轮固定螺母。

b.主要原因是滚刀上、下移动轮调整不合理,应将滚刀外圆边对准主轴模具中间孔的上边,然后拧紧滚刀上下移动轮固定螺母。此外,滚压尺寸不足或过大也会导致封装成品尺寸不合格,需根据实际情况适当调整。

③滚槽 A 尺寸不合格。

产生原因:滚刀未挨上主轴模具的端面。

解决措施:打开滚刀前、后的固定螺母,使滚刀挨上主轴模具的端面。

④滚槽位变形。

产生原因:滚槽时间过长导致。

解决措施:减少计时器时间。

(7)维护

①定期在滚槽模具和滚刀组件喷洒防锈油。

②常保持设备的整体清洁。

③定期检查设备滚槽调节部件是否松动,如果松动应锁紧。

3.顶盖封装

(1)定义

在圆柱形储能电芯封装工序中,顶盖封装是关键的一步。顶盖封装是指将电芯顶部的盖子与电芯外壳进行密封连接。这个盖子上通常有正极端子等结构,通过焊接、密封胶黏合

盖帽焊接、
电池封口

或其他密封工艺,使盖子与外壳紧密结合。其主要目的是保证电芯内部环境的密封性,防止外界空气、水分进入电芯内部而损坏电极和电解液;同时,确保正极端子与电芯内部的良好电连接,不仅能够稳定地向外输出电流,而且可以对电芯内部产生的气体起到一定的阻隔和疏导作用,避免因内部压力变化过大而引发安全问题。

(2)主要设备

顶盖封装设备为 MSK-510M 圆柱形电池封装机,它是一款小型液压圆柱形电池封装,标配是 18650 圆柱形电池封口模具一套。

(3)特点

MSK-510M 圆柱形电池封装机主要具有以下几大特点:

①装有压力表,可观察及调整电池封口压力的大、小。

②只需更换 2~3 个模具配件即可封装各种不同的圆柱电池。

③体积小可在手套箱一次完成操作。

④模具材质采用不锈钢及特种油钢,结构件材质采用合金铝及高强度的铬钢,表面经过环保电镀和喷涂处理。

⑤操作简便、力小、安全可靠、外形美观。

(4)设备结构

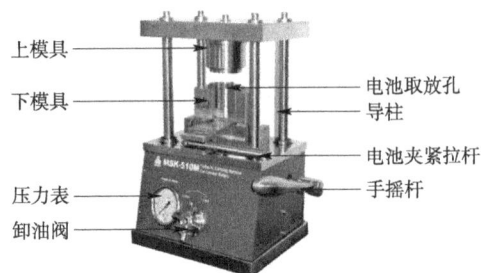

图 2-17 圆柱形电池封装机结构

MSK-510M 圆柱形电池封装机结构如图 2-17 所示。

(5)操作过程

①将待封口的圆柱形电池,放入下模电池取放孔中,向左拉动电池夹紧拉杆使电池被夹紧。

②将卸油阀向右拧紧(约 180°)。

③上下摇动手摇杆直至压力表指针到约 $80kg/cm^2$(指压力表外圈读数)。

④把卸油阀向左旋转直至旋不动(约 180°)后,上、下模具自动分开,向右推电池夹紧拉杆,使下模张开取出电池,即完成封口操作。

(6)注意事项

①必须定期检查上下模板上的导柱螺钉有无松动,如有松动须拧紧后才能使用。

②此模具及设备尽量不要用水擦拭,用酒精或干毛巾即可。

③特别注意:每次使用后,如有电解液渗出应请及时把模具拆开清理干净,内部喷上机油,外面可喷防锈油。

④注意保护上模芯和电池取放孔等部位。

(7)常见故障处理

如封口有裂纹或不光滑,分析原因与解决办法如下:

①电池钢壳滚槽没有达到要求。

②封口模具长时间使用后上模具 R 角磨损需更换上模具。

③模具没对好需重新对模。

二、任务实施

储能电芯封装工序的任务实施步骤见表2-9。

储能电芯封装工序的任务实施步骤 表2-9

车间工作任务	储能电芯生产制备
生产岗位	封装工艺岗位
工艺路线	
原材料准备	准备钢壳、刚帽、电芯(卷芯的横截面积要小于钢壳内截面积,大约入壳率在97%~98.5%)
入壳	步骤1:将下面垫片垫入卷芯底部。 步骤2:弯折负极耳,使极耳面正对卷芯卷针孔,垂直压入钢壳
底焊	步骤1:检查设备 MSK-330A 气动式单针点焊机能否正常使用。 步骤2:先用负极耳和钢壳进行试焊,保证负极耳焊接后不能轻易被扯下为合适。 步骤3:负极耳穿过负极绝缘片的孔,将负极耳折90°,将其电芯中心的孔覆盖住,装进钢壳,用单针点焊机焊针穿过中心小孔,按下按钮,让钢壳摆放在焊接平台,按下脚踏开关。 步骤4:取下电芯,扯一下电芯,看电芯是否能被扯出,如若不能,说明焊接效果好
滚槽	步骤1:检查设备 MSK-500 圆柱形电池滚槽机能否正常运行。 步骤2:按照滚槽参数调好滚槽机,装好正极绝缘片,将待滚壳的电池内部电芯正极耳弯折使其不要漏出电池壳口外面,然后将电池壳卡进滚槽模具里。 步骤3:开始自动滚槽,滚槽结束取下准备做短路测试,不短路的电芯继续下步工序
电芯干燥	盖帽焊好后的电芯放干燥箱中真空干燥,温度85℃,时间为8h,真空度小于0.09MPa
盖帽焊接	步骤1:检查设备 MSK-800W 超声波极耳金属点焊机能否正常运行。 步骤2:将点焊机设置为铝箔焊接,将电芯正极耳穿过正极绝缘片的边孔,然后将正极耳和盖帽铝极耳焊在一起,焊接参数和焊一层正极耳参数一致。 步骤3:焊接完成后给正极耳贴上高温胶布
电池封口	步骤1:检查设备 MSK-510 圆柱形电池封口机能否正常使用。 步骤2:用无尘布将电池外壳及正极耳处的电解液擦拭干净,将正极耳小心折起来,盖上盖帽,避免正极耳接触钢壳导致短路。 步骤3:放进封口机圆形模具槽中,合上模具,顺时针锁紧泄压阀,摇动手摇杆,直到压力表指针到80kg/cm² 为止。 步骤4:卸压,松开模具把手,取下封好的电池
检查电池	步骤1:检查外观,要仔细检查电池外壳,排查裂缝、孔洞与变形,确保封装边缘整齐无毛刺,保障装配安全。 步骤2:电极片位置须精准固定,杜绝位移、错位,其表面应光洁,防止氧化、脏污影响活性。 步骤3:极耳和电极片连接要焊接牢固,规避虚焊等问题。 步骤4:用专业量具测量尺寸,使其契合生产线标准,保障流程顺畅
车间管理	8S 管理

三、任务评价

磷酸铁锂电芯封装理实一体化任务评价表见表2-10。

磷酸铁锂电芯封装理实一体化任务评价表 　　　　　　　表2-10

班级			成员			
组号			时间			
自我评价						
评价指标	评价要素	评价标准			配分(分)	得分(分)
课前工作	网络资源查找	按要求查找相应的资料得10分,查找资料不全按相应的查找情况得2~8分,未按要求查找不得分			10	
	课前资源学习及课前测试	按照云班课上资源学习的完成情况及课前测试得分给出相应的分值			10	
参与状态	出勤情况	迟到或早退的每次扣2分,缺勤每次扣10分			10	
	协作交流情况	按照能积极开展交流协作、能参与到其他同学的交流协作及通过教师引导参与同学交流协作三个档次分别得15分、10分、5分			15	
	积极思考,主动和教师交流	基础分6分,每次和教师交流加1分			10	
	深入思考,发现问题	基础分6分,每次发现相关问题并和教师交流加1分			15	
	遵守课堂纪律	每违反一次课堂纪律扣2分,直至扣完			10	
任务完成情况	工作计划	按照工作计划制订的完整度和合理性分别得2~10分,未制订工作计划不得分			10	
	工作任务	能够按计划完成相关工作任务得10分,每超过计划5min扣2分			10	
总分			权重分(20%)			
个人自评:						
组内互评						
评价指标	评价要素	评价标准			配分(分)	得分(分)
课前工作	团队协作查找信息	在课前能和小组成员一起查找资料,汇总资料,请按参与程度分别得2~10分,若未参与得0分			10	
参与状态	小组讨论	在小组学习过程中是否积极参加讨论,按参与度得5~10分,若在讨论过程中有建设性意见每次加2分			15	

评价指标	评价要素	评价标准	配分(分)	得分(分)
参与状态	小组协作	在需要小组成员协作解决问题时,能积极参与,按照参与程度得 5~10 分,若在此过程中主持小组协作每次加 2 分	15	
	小组汇报	按照汇报的情况,进行小组汇报的成员得 10~15 分,能协助进行汇报的成员得 5~10 分	15	
	纪律问题	遵守课堂纪律,尊重小组成员和相应的工作成果,如出现违反课堂纪律不尊重小组成员及劳动成果的现象,每次扣 2 分	15	
任务完成情况	工作任务	认真与团队协作,按时按质完成工作任务。按照他对团队的贡献从低到高分别得 5 分、10 分、15 分	15	
	收尾工作	在任务完成后按照相关要求进行物品规整、资料整理等工作,按照参与度分别得 5 分、10 分、15 分	15	
总分		权重分(20%)		

组员评价:

教师评价				
序号	任务	评价要点	配分(分)	得分(分)
1	原材料准备	描述材料组成	3	
2	入壳	描述入壳工艺	5	
3		入壳操作过程	5	
4	底焊	描述底焊工艺	5	
5		底焊操作过程	10	
6	滚槽	描述滚槽工艺	5	
7		滚槽操作过程	10	
8	电芯干燥	描述电芯干燥工艺	5	
9		电芯干燥操作过程	5	
10	盖帽焊接	描述盖帽焊接工艺	5	
11		盖帽焊接操作过程	10	
12	电池封口	描述电池封口工艺	5	
13		电池封口操作过程	10	
14	检查	是否合格	10	

序号	任务	评价要点	配分(分)	得分(分)
15	安全要求	遵守安全规则	3	
16	环保要求	保护环境	2	
17	思政要求	精神素养	2	
考核团队:				
总分		权重分(60%)		
总得分				
教师评价:				

四、拓展阅读

宁德时代的"极限智造"与绿色担当——以技术创新引领储能革命

2011年,宁德时代从新能源科技有限公司(ATL)的一个部门独立成立。那时,中国动力蓄电池行业正处于技术积累薄弱、市场认可度不足、全球竞争力待提升的阶段。创始人曾毓群在新科磁电厂工作期间,凭借出色的技术能力和创新思维,攻克多项技术难题,快速晋升为技术总监。创业时,他在办公室挂上"赌性坚强"四个大字。面对质疑,他回应:"光拼是不够的,那是体力活;赌才是脑力活。"这并非盲目赌博,而是基于对行业趋势的精准判断和果敢决策。

宁德时代创立后,精准捕捉行业动态。2015年,宁德时代敏锐捕捉到政策对高续航三元锂离子电池的扶持,果断加大在该领域的投入与研发。凭借这一前瞻性布局,宁德时代仅用了6年时间便登上全球动力电池出货量榜首,展现出强大的发展势能。

动力蓄电池的安全性一直是行业痛点。2019年,某知名品牌客户的电动汽车发生自燃事件,让宁德时代陷入舆论旋涡。首席科学家吴凯带领团队日夜攻关,深入研究电池热失控的原理。经过无数次实验与分析,最终揭示了蓄电池热失控的核心诱因,并提出"泛在保险"新思路。同时,首创亚微米金属复合高分子功能集流体技术,成功解决了蓄电池单体内短路不起火的世界难题。2023年,该技术助力宁德时代推出全球首个全生命周期安全防护的储能电芯,在针刺、过充测试中实现"零事故",成为行业安全标准的新标杆。

在性能提升上,宁德时代吴凯团队同样成绩斐然。他们聚焦三元材料释氧难题,通过不断优化材料配方和结构设计,研发出单晶镍钴锰高比能电池,使电芯能量密度突破300Wh/kg,推动新能源汽车续航里程从200km跃升至600km以上,极大地提升了新能源汽车的实用性和市场竞争力。此外,方形卷绕式全极耳型电池工艺的发明,将产品缺陷率降至PPB(十亿分之一)级,质量水平提升3个数量级,为大规模生产高品质电池提供了技术保障。

五、学习测试

一、单选题

1. 圆柱形锂离子电池封装过程中,常用于密封电池的材料是(   )。
   A. 橡胶   B. 塑料   C. 金属   D. 陶瓷

2. 圆柱形锂离子电池的优点不包括(   )。
   A. 生产工艺成熟   B. 比能量高   C. 一致性优秀   D. 成本相对较低

3. 圆柱形锂离子电池封装时,对焊接质量影响最大的因素是(   )。
   A. 焊接温度   B. 焊接压力   C. 焊接时间   D. 以上都是

4. 在圆柱形锂离子电池封装中,以下情况可能导致电池短路的是(   )。
   A. 隔膜破损   B. 正负极极片对齐
   C. 电解液充足   D. 封装紧密

5. 方形锂离子电池的主流壳体材料是(   )。
   A. 铜壳   B. 铝壳   C. 塑料壳   D. 陶瓷壳

6. 以下材料常用于软包电芯的封装的是(   )。
   A. 钢壳   B. 铝壳   C. 铝塑膜   D. 陶瓷

7. 圆柱形电芯的封装通常使用的材料是(   )。
   A. 塑料薄膜   B. 铝箔   C. 钢壳   D. 橡胶

8. 圆柱形锂离子电池滚槽的主要作用是(   )。
   A. 增加电池容量   B. 固定卷芯位置
   C. 提升散热性能   D. 降低内阻

9. 圆柱形锂离子电池底焊的焊针材质通常是(   )。
   A. 铜质或合金   B. 不锈钢   C. 铝质   D. 塑料

10. 封装工序中,滚槽深度不合格的主要原因是(   )。
    A. 滚刀未对准模具   B. 焊接电流过大
    C. 电解液不足   D. 压力过小

二、填空题

1. 圆柱形锂离子电池的组装工序主要包括入壳、_____、_____、烘干、_____、_____、_____、清洗等。

2. 储能电芯封装制造主要为方形、圆柱形和_____三种形式。

3. 软包锂离子电池的软包装材料通常分为三层,即外阻层、阻透层和_____。

4. 方形硬壳电池壳体多为铝合金、_____等材料。

5. 圆柱形锂离子电池的结构包括外壳、盖帽、正极、负极、隔膜、电解液、PTC 元件、垫圈、_____等。

6. 圆柱形锂离子电池一般电池外壳为电池的_____,盖帽为电池的_____。

7. 圆柱形锂离子电池封装机操作时,手摇杆压力表读数须达到_____ kg/cm^2。

8. 电池封装过程中,防止电解液泄漏的关键部件是_____。

9. 封装后的圆柱形锂离子电池要进行_____,检查其密封性是否良好。

10. 清洗的目的是_____。

三、判断题

1. 圆柱形锂离子电池封装时,使用的胶水越多,密封性越好。　　　　　( )

2. 封装过程中,电池的正负极不能接触,否则会造成短路。　　　　　( )

3. 只要封装材料强度高,就一定能保证圆柱形锂离子电池的封装质量。 ( )

4. 封装后的圆柱形锂离子电池不需要进行外观检查。　　　　　　　( )

5. 圆柱形锂离子电池的封装工艺对电池的性能和安全性没有影响。　　( )

6. 电池封装只有保护功能,没有绝缘、密封和固定功能。　　　　　　( )

7. 方形锂离子电池的整体附件重量比圆柱形电池轻。　　　　　　　( )

8. 底焊是将焊针(一般是铜质或合金材质)插入卷芯中间孔,将正极耳与钢壳焊接在一起的过程。　　　　　　　　　　　　　　　　　　　　　　　　　　( )

9. 在圆柱形储能电芯封装工序中,"滚槽"主要是在电芯外壳(通常是金属材质)上加工出环形凹槽的过程。　　　　　　　　　　　　　　　　　　　　　　　( )

10. 软包锂离子电池的比能量低于圆柱形锂离子电池。　　　　　　　( )

四、简答题

1. 简述电池封装的定义和作用。

2. 简述封装工艺流程以及各部分的作用。

3. 简述底焊工序的设备及操作流程。

4. 简述滚槽工序的设备及操作流程。

5. 简述盖帽焊接工序的设备及操作流程。

6. 简述电池封口工序的设备及操作流程。

工作任务四

电芯注液

任务描述

本任务旨在通过精准、高效且严格符合质量标准的注液操作,为光伏电站储能系统所需的圆柱形磷酸铁锂离子电池提供关键的电解液注入支持,确保电芯在充放电过程中具备稳定、高效的离子传导性能,为实现电池的高能量转换效率、长循环寿命以及稳定的充放电性能筑牢根基。

任务目标

1. 知识目标

(1)了解注液所需的环境条件。

(2)掌握注液工序的工艺流程。

(3)掌握注液设备结构和工作原理。

2. 技能目标

(1)能够独立操作手套箱。

(2)能够操作、维护、检修注液设备。

(3)能够对电池进行准确封口。

(4)能够检查产品质量。

3. 素质目标

(1)培养环境保护和可持续发展的意识,增强社会责任感。

(2)遵守生产安全规范、行业标准等规则,培养安全意识。

(3)培养创新意识,善于从不同角度思考问题,勇于尝试新方法和新技术。

建议课时

2～3课时。

一、知识学习

（一）注液的基础知识

1. 注液的定义及作用

电解液是锂离子电池中非常重要的组成部分,它负责电池中的离子传输,同时可以帮助电池散热和保护电池。注液是指在电池制造的过程中向电池中加入电解液,以确保电池有效运行并且长期稳定。在注液过程中,要求电池正确定位并且注液量合适,否则会出现电池过热、短路和泄漏等安全问题。

2. 注液工艺流程

注液过程就是将电解液注入电池内部,以确保电池正常运行的过程。圆柱形锂离子电池注液工艺步骤如下:

注液工艺

（1）注液前准备

在注液前,需要对电池进行清洗和干燥处理,以确保电池内部没有杂质和水分。同时,需要准备好电解液,并将其注入注液设备中。

（2）安装注液工装

将注液工装安装到电池上,以确保电解液能够准确地被注入电池内部。注液工装通常包括注液头、密封圈等部件。

（3）注液

启动注液设备,将电解液通过注液工装注入电池内部。在注液过程中,需要控制注液速度和注液量,以确保电解液能够均匀地分布在电池内部。

（4）抽真空

在注液完成后,需要对电池进行抽真空处理,以去除电池内部的气泡和多余的电解液。在抽真空过程中,需要控制真空度和抽真空时间,以确保电池内部的气泡和多余的电解液能够被完全去除。

（5）恢复大气压

在抽真空完成后,需要将电池内部恢复到大气压状态。在恢复大气压过程中,需要控制恢复速度和恢复时间,以确保电池内部的压力能够缓慢地恢复到大气压状态。

（6）静置

在恢复大气压完成后,需要将电池静置一段时间,以使电解液能够充分渗透到电池内部。静置时间通常为几个小时到几天不等,具体时间取决于电池的类型和规格。

（7）检测

在静置完成后,需要对电池进行检测,以确保电池的性能和质量符合要求。检测项目通常包括电池的容量、内阻、电压等参数。

3. 注液工艺对锂离子电池性能的影响

（1）注液量对电池性能的影响

①电池容量

适当的注液量能保证电池内部化学反应的稳定,从而确保电池的容量稳定。若注液量不足则会导致电池容量降低;若注液量过多会导致电池容量过大,超过电池设计规格,可能导致电池性能下降,甚至损坏电池。

②充电性能

适当的注液量对电池充电性能影响较小。如果注液量偏小,电池内部的化学反应不足,充电性能可能会下降;如果注液量偏大,电池内部的化学反应过多,可能导致充电反应不完全,充电效率降低。

③放电性能

适当的注液量能够保证电池在放电时获得稳定的性能,过少或过多的注液量均会导致电池放电性能下降。

（2）注液量对电池使用寿命的影响

注液量不足会导致电池容量下降,严重时电池甚至无法充放电,会缩短电池的使用寿命;注液量过多会导致电池容量增加,可能会导致电池内部电流分布不均,会增加电极表面氧化,缩短电池的使用寿命。因此,适当的注液量能够延长电池的使用寿命,提高电池的稳定性和可靠性。

（二）注液设备

1. 注液机

（1）定义

注液设备原理与分类

注液是锂离子电池制造过程中的一个重要步骤,涉及将电解液注入电池内部。注液过程可以分为注液和浸润两个主要部分。注液是将电解液注入电池内部,而浸润则是将注入的电解液吸收到电芯中,这个过程非常耗时,因此会显著增加锂离子电池的生产成本。

注液机是一种在储能电芯制造过程中用于精确注入电解液的专业设备。注液机的主要功能是按照设定的参数(包括注液量、注液速度等),将电解液准确地注入电芯内部,即通过管道、泵体和精准的计量系统等部件,在一定的压力或真空辅助条件下,把电解液均匀地输送到电芯各个部分,确保电解液能够充分浸润电极材料,为电芯发挥电化学性能提供保障。注液机高精度的注液能力有助于提升电芯的一致性和整体质量。

注液机主要由泵、传感器、阀门、管路和控制系统等组成。其中,泵负责将液体从储液罐抽入管路中,传感器监测液位和流量,阀门控制液体的流向和流量,管路将液体输送到注液头,控制系统则负责整个设备的运行和控制。锂离子电池的注液通常采用多工位转盘注液机、腔体式注液机、真空倒吸注液机等设备进行。这些设备的设计和选择对于提高生产效率和确保电池性能至关重要。

注液机经历了从常压注液、负压注液到等压注液的几代发展,工艺已经相对成熟。注液机的发展都是为了提高极片的浸润速度,从而提高生产效率。

（2）工作原理

注液机注液就是在电池有限的内部容腔内（容腔内包括电芯以及未被充填的空间），通过一定的工艺方式（如真空、压力、时间等），将电解液注入容腔内，一部分电解液浸润到电芯（正负极极片、隔膜组成）内部，一部分占据未被充填的空间。全部注入电解液的量就是注液量。浸润到电芯内部的电解液越多，相对而言浸润效果就越好。将电解液浸润到电芯内部的时间越短，表面注液机的工艺能力越好。对于某个电池，实际注液量和设定要求的注液量的偏差，就是注液精度。对于同一批电池，注液量一致性越好，注液量越集中，注液重量的CPK值越大，就是注液机的整体性能越好。

（3）主要参数

考核电池注液的最主要参数包括注液量、浸润效果（充分且均匀）、注液精度，这三点都是由注液机的性能来实现的，因此注液设备在锂离子电池生产流程中也是非常重要的，直接影响到电池性能。设备主要参数包括：

①注液量：要考虑满足电池设计要求，能把指定量的电解液全部注入电池。

②浸润效果：将电解液均匀地浸润到电池极片内部，使得极片的电化学能力发挥到最佳，如果浸润效果不完整的电池，其性能的一致性也会受到影响。在最短的时间内来实现最好的浸润效果，是注液机工艺能力的最重要体现。

③注液精度：反映电池电解液量和性能的一致性，也反映了注液机的性能和能力。

注液机除了要实现以上三点来满足需求，还要考虑用最佳的注液工艺，用最快的时间、尽量少的注液次数、尽量少的空间、尽量少的人工、尽量少的成本来达成要求。

（4）分类

①按电池种类分类，注液机可分为软包注液机和硬壳注液机。其中，硬壳注液机包括圆柱形电池注液机、方形电池注液机。

②按结构种类分类，注液机可分为直线式注液机和转盘式注液机。其中，直线式注液机包括回字形结构注液机。

③按注液工艺分类，注液机可分为真空注液机、低压注液机、高压注液机和超高压注液机。

a. 真空注液机，一般指采用真空、常压呼吸式浸润方式的注液机。

b. 低压注液机，一般指加压静置时压力在0.3MPa以下，采用真空、压力交替循环的浸润方式的注液机。

c. 高压注液机，一般指加压压力在0.5～0.8MPa之间，采用真空、压力交替循环的浸润方式的注液机。高压能实现更好的注液、浸润效果，是目前注液机的发展方向。目前圆柱形电池、方形铝壳电池（在等压方式的加持下）有一大部分是采用高压注液，软包电池还没有采用高压注液。

d. 超高压注液机。把加压压力在1～2MPa范围内的注液机，称为超高压注液机。未来对于更高能量密度的电池，有机会用上超高压注液机，这样注液后应该会减少后期的静置搁置时间。

④按加压方式分类，注液机可分为差压注液机和等压注液机两类。

a.差压注液机,一般指加压静置时,只对电池内部容腔加正压,电池内部和外壳外部存在压差,称为差压注液或差压静置。需要特别指出的是,对于方形硬壳电池,因为防爆膜以及方形外壳容易变形,差压注液机通常是低压注液机;对于圆柱形电池(比如钢壳 18650/26650 电池),差压注液机既可以是低压注液机,也可以是高压注液机。

b.等压注液机,一般指加压静置时,对电池内部容腔以及电池外部同时加正压,电池内部和外壳外部不存在压差或压差很小,称为等压注液或等压静置。就逻辑关系而言,高压是目的,等压是实现高压的手段,如果没有压力的存在,等压是不具有意义的。等压注液机使得方形铝壳电池也能实现高压注液。软包电池也可以采用高压等压注液方式。

2.圆柱形储能电芯的注液设备

(1)电动柱塞泵

①定义

MSK-150-L 型电动柱塞泵是一款可应用于各种液体的计量设备。它是利用步进电机带动陶瓷柱塞杆进行高速、往复式的旋转运动,定量地将液体抽进容腔,再通过出液口推出到容腔,经管道注入用户所需的设备或产品中,大大提高了注液的重复性、一致性。在圆柱形储能电芯注液过程中,电动注塞泵的主要作用是精确地将电解液注入电芯内部。它能够控制注液的速度和量,确保电解液均匀、适量地进入电芯,避免注液过多或过少影响电芯性能。该柱塞泵具有高硬度、高精度、耐酸碱腐蚀、防化学反应等特点。

②结构

MSK-150-L 型电动柱塞泵结构如图 2-18 所示。

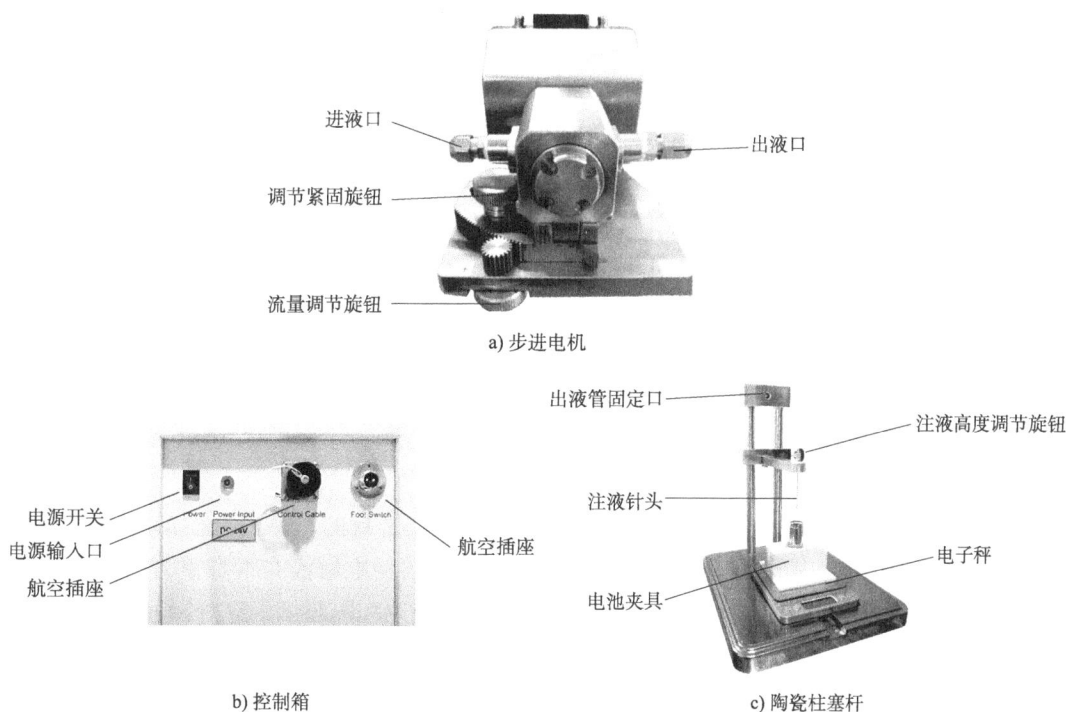

a) 步进电机

b) 控制箱

c) 陶瓷柱塞杆

图 2-18　电动柱塞泵

进液口为 6mm 管径,安装时检查是否泄漏;出液口为 4mm 管径,安装时检查是否泄漏;调节紧固旋钮的作用是单次流量调节好后需固定此旋钮;流量调节旋钮的作用是调节单次流量大小,顺时针旋转可以增大单次流量,逆时针旋转可以减小单次流量;航空插座-左连接柱塞泵数据线,航空插座-右连接脚踏开关;出液管固定口在安装软管时,应从后往前穿出;注液针头在安装时,应先把针头旋紧,然后再插上软管并旋紧固定螺母;注液高度调节旋钮在调节高度时,应先用另一只手扶稳架子,之后再松开旋钮调节高度;电子秤用于称量注射出液体的重量。

③操作过程

a. 固定好进出液管,打开电源。

b. 在控制画面中,选择合适的语言,其中"0"代表英文,"1"代表中文。

c. 设置注液速度,注液速度不宜过快,以免液体飞溅。

d. 标定单次的注液量,可通过流量调节旋钮调节大小。

e. 设置注液次数,根据所需注液量和单次注液量来设置注液次数。按下脚踏开关可进行按设定的注液速度与次数(单次注液量)单次循环注液。

f. 刚开始注液前可通过长按正转按钮进行管道里的空气排除,待管道里无气泡即可进行下一步操作。

g. 使用完成后通过长按反转按钮将管道里的液体回收,然后再对管道进行清洗。

(2)真空静置箱

①定义

MSK-170 真空静置箱是一款适用于软包电池和圆柱形电池研发生产的工艺设备。其功能是在注液工艺过程中,完成电解液与电池极片和隔膜纸的充分浸润,以保证电池充放电性能及容量指标的充分实现。真空静置箱也非常关键。在注液前,利用真空静置箱抽出电芯内部的空气,营造一个低压环境,这样可以使电解液更好地渗透到电芯的电极材料等结构中。注液后,电芯在真空静置箱中静置,让电解液充分浸润电极,使电芯内部的电化学体系分布更加均匀,有助于提升电芯性能,减少因浸润不均匀而导致的局部反应异常等问题。适用各类规格尺寸的电池生产研发。MSK-170 真空静置箱体积小,操作简单,控制灵活精确,是电池研发及生产工艺开发乃至生产的理想设备。

②设备结构

MSK-170 真空静置箱内部真空腔体结构如图 2-19 所示。整机采用分体结构,独创多段真空控制,选用优质的电气元件及材料制作而成。

③原理

MSK-170 真空静置箱是利用真空静置的原理,通过在密封的箱体内分段形成不同动态真空度的环境,将电芯内的空气及电解液里面的气体抽走,使电解液在本身重力与气体压力的共同作用下能顺利地沿着电芯从上往下流动,达到与极片和隔膜纸的充分浸润。

④设备调试

a. 开机准备。按照设备连接的要求完成控制箱和执行结构的连接,完成所有外部附件包括气源、真空泵、脚踏开关等的连接,检查无误后,连接总电源。

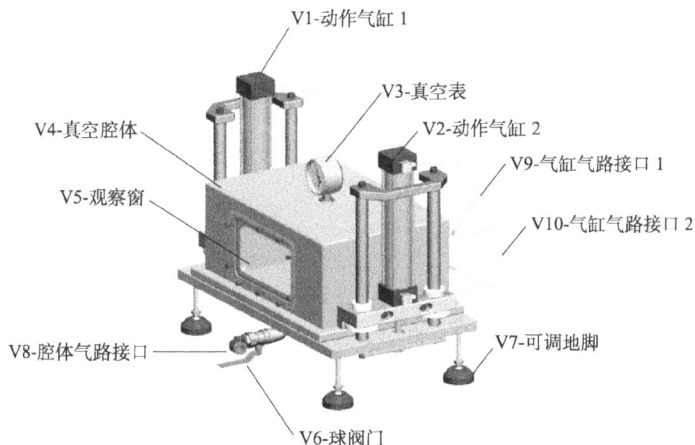

图 2-19 真空腔体结构

b. 开机顺序。将总电源通电,总气源通气后,将三挡开关指向"Up"挡,按下控制电箱面板上的"电源开关"C1 按钮。

c. 调试工作。反复将三挡开关指向"Up"挡和"Down"挡,看腔体上下运动是否平稳顺滑,可以适当调节气管上的两个节流阀。检查气路的压力是否正常、密封性能是否良好。预设程序检查给开关和仪表的动作和指示是否正常。

⑤操作过程

a. 真空静置箱先抽真空,设定程序:在真空表上设定第一段真空值 60kPa,第二段真空值 90kPa。在计时器 A 设定 15s,在计时器 B 设定 15s,在计时器 C 设定 20s,在计数器设定 2 次。

b. 将三挡开关调至程序(PROGRAM)挡,压下脚踏开关启动。可观察程序过程:腔体闭合—抽真空开始—抽至真空度 60kPa—计时器 A 开始计时 15s—充气开始—计时器 B 计时 15s—腔内气压恢复正常大气压—抽真空开始—抽至真空度 90kPa—计时器 C 开始计时 20s—计数器显示 1—充气开始—计时器 B 计时 15s—腔内气压恢复正常大气压—如上开始第二次循环-计数器显示 2-完成循环—腔体开启—程序结束。

c. 真空静置箱达到真空状态后,将注液完成的电池放进腔体内的电池搁置架上,将三挡开关指向"Down"挡,看腔体是否会撞到电池或搁置架,如正常,将三挡开关指向"Program"挡,此时便可以踩下脚踏开关,设备会自动完成操作过程。

⑥注意事项

a. 维护和调试机器时,将气压调至最低,防止气压过大造成安全隐患。

b. 不能多人同时操作该机器,操作人员必须注意安全。

c. 非专业技术人员严禁打开控制电箱,以免造成事故。

d. 不能用尖锐的物件按压和擦拭各仪表和视窗口。

e. 机器不使用时应及时正常关机。

f. 注意电解液的遗漏,应及时擦拭干净。

g. 安装设备时应注意执行部分的水平放置。

⑦常见故障及排除方法

a. 常见故障:气源不工作或者不顺滑。排除方法:检查气源是否打开供气;检查气压是否过低;检查节流阀调节程度;检查通道是否堵塞。

b.常见故障:抽不了真空或者抽不到要求的真空值。排除方法:检查是否因为腔体与下板接触面上有灰尘颗粒;检查腔体密封圈是否老化和损坏;检查两边的气缸气压大小是否相差过大;检查气管是否漏气或者堵塞;检查是否球阀门未打开;检查是否真空泵不工作;检查相应仪表是否出现指示问题。

⑧维护

a.常保持设备外观和腔体内部清。

b.常检查执行结构部分螺钉是否松动。

c.常加润滑油在直线轴承里面。

d.注意搬动时轻放。

e.控制电箱远离潮湿的环境。

f.控制电箱远离高温环境。

二、任务实施

锂离子电池注液工序的任务实施步骤见表2-11。

锂离子电池注液工序的任务实施步骤　　　　　　　　　　　　　　　　　表2-11

车间工作任务	储能电芯生产制备
生产岗位	注液工艺岗位
工艺路线	
材料的准备	准备项目二工作任务三完成后的半封装的电芯和电解质溶液
手套箱准备	步骤1:设定手套箱:下压 −0.5Pa,抽真空(−0.5Pa) +清洗,共3次。 步骤2:入箱前戴实验手套(防止汗液弄脏手套箱手套),然后戴手套箱手套,升压膨胀后戴入,戴好后降压,再戴一层手套,为了防止电解液腐蚀,共戴3副手套
注液过程	步骤1:检查设备MSK-150-L型电动柱塞泵、MSK-170真空静置箱能否正常使用。 步骤2:将干燥过的电芯放入手套箱,注意手套箱内的水分含量要低于0.1ppm。 步骤3:开始注液,采用注液、真空静置的方式,一般循环3次,此次总注液量为6g,每次注液1g,分6次完成。 步骤4:最后注液静置完成后,将电池壳内多余的电解液倒出
电池封口	步骤1:检查设备MSK-510圆柱形电池封口机能否正常使用。 步骤2:用无尘布将电池外壳及正极耳处的电解液擦拭干净,将正极耳小心折起来,盖上盖帽,避免正极耳接触钢壳,导致短路。 步骤3:放进封口机圆形模具槽中,合上模具,顺时针锁紧泄压阀,摇动手摇杆,直到压力表蓝色表盘指针指到80kg/cm² 为止,与上一个任务一样。 步骤4:然后卸压,松开模具把手,取下封好的电池
检查电池	步骤1:外观检查,查看外壳有无鼓包、渗漏,封装处是否严密,确保无电解液泄漏风险;同时留意外壳有无划痕、磨损,以免影响防护性能。 步骤2:电气性能检测,测量开路电压,应符合电芯额定电压范围,若偏差大可能预示内部故障;还需测内阻,内阻过高会降低充放电效率,说明存在电极与电解液接触不良等问题。

检查电池	步骤3:重量复核,对比标准重量,判断注液量精准度,偏差超标会影响电芯容量与安全性。 步骤4:进行充放电测试,观察电芯在小电流充放电循环下的电压、容量变化,提前排查潜在隐患,保障投入使用后的稳定运行
车间管理	8S管理

三、任务评价

磷酸铁锂电芯注液理实一体化任务评价表见表2-12。

磷酸铁锂电芯注液理实一体化任务评价表 表2-12

班级			成员	
组号			时间	
自我评价				
评价指标	评价要素	评价标准	配分(分)	得分(分)
课前工作	网络资源查找	按要求查找相应的资料得10分,查找资料不全按相应的查找情况得2~8分,未按要求查找不得分	10	
	课前资源学习及课前测试	按照云班课上资源学习的完成情况及课前测试得分给出相应的分值	10	
参与状态	出勤情况	迟到或早退的每次扣2分,缺勤每次扣10分	10	
	协作交流情况	按照能积极开展交流协作、能参与到其他同学的交流协作及通过教师引导参与同学交流协作三个档次分别得15分、10分、5分	15	
	积极思考,主动和教师交流	基础分6分,每次和教师交流加2分	10	
	深入思考,发现问题	基础分6分,每次发现相关问题并和教师交流加2分	15	
	遵守课堂纪律	每违反一次课堂纪律扣2分,直至扣完	10	
任务完成情况	工作计划	按照工作计划制订的完整度和合理性分别得2~10分,未制订工作计划不得分	10	
	工作任务	能够按计划完成相关工作任务得10分,每超过计划5min扣2分	10	
总分		权重分(20%)		
个人自评:				

续上表

组内互评				
评价指标	评价要素	评价标准	配分(分)	得分(分)
课前工作	团队协作查找信息	总分10分,在课前能和小组成员一起查找资料,汇总资料,请按照参与程度分别得2～10分,若未参与得0分	10	
参与状态	小组讨论	总分15分,在小组学习过程中能积极参加讨论,按参与度得5～10分,若在讨论过程中有建设性意见每次加2分	15	
	小组协作	总分15分,在需要小组成员协作解决问题时,能积极参与,按照参与程度得5～10分,若在此过程中主持小组协作每次加2分	15	
	小组汇报	总分15分,按照汇报的情况,进行小组汇报的成员得10～15分,协助进行汇报的成员得5～10分	15	
	纪律问题	总分15分,遵守课堂纪律,尊重小组成员和相应的工作成果,如出现违反课堂纪律不尊重小组成员及劳动成果的现象,每次扣2分	15	
任务完成情况	工作任务	总分15分,认真与团队协作,按时按质完成工作任务。按照对团队的贡献从低到高分别得5分、10分、15分	15	
	收尾工作	总分15分,在任务完成后按照相关要求进行物品规整、资料整理等工作,按照参与度分别得5分、10分、15分	15	
总分		权重分(20%)		

组员评价:

教师评价				
序号	任务	评价要点	配分(分)	得分(分)
1	原料准备	描述材料组成	5	
2	手套箱准备	描述操作方法	10	
3	注液过程	工艺描述	10	
		操作过程	20	
4	电池封口	工艺描述	10	
		操作过程	10	
5	检查电池	是否存在漏液现象	20	

序号	任务	评价要点	配分(分)	得分(分)
6	安全要求	遵守安全规则	5	
7	环保要求	保护环境	5	
8	思政要求	精神素养	5	
考核团队				
总分		权重分(60%)		
总得分				
教师评价:				

四、拓展阅读

其鲁:锂电材料创新的引领者

其鲁,1957 年 10 月出生于内蒙古巴彦淖尔,蒙古族,是我国锂电材料领域的杰出代表,以卓越的科研成就和创新精神,成为推动锂离子电池技术发展的重要力量。

其鲁的求学与科研之路充满传奇色彩。1977 年,他考入了内蒙古大学化学系,凭借优异的成绩,1981 年留校任教并参与稀土化学元素等相关研究。1987 年,他前往大连外国语学校学习日语,次年被公派至日本东京大学求学。在日本的 13 年,是他科研生涯的关键时期,他每天刻苦钻研,为日后的科研工作打下了坚实的基础。

2000 年,怀着对祖国的热爱和对科研事业的执着,其鲁毅然回国,任职于北京大学化学与分子工程学院。回国后,他迅速投身到锂离子二次电池研究开发项目中。在短短 2 年时间里,他带领团队成功突破技术瓶颈,研发出具有自主知识产权的钴酸锂合成技术,并实现大规模生产。这一成果结束了我国不能独立规模化生产锂离子电池正极材料的历史,大大降低了电池生产成本,使中国在短时间内成为全球重要的正极材料和锂离子电池生产大国。

然而,其鲁并未满足于此。他深知钴酸锂材料的局限性,将目光投向更适合电动汽车的动力锂离子电池正极材料。2002 年,他带领团队向锰酸锂合成技术发起挑战。经过无数次的实验验证,2003 年,他们成功建成国内外第一条尖晶石锰酸锂材料合成生产线,并推出具有稳定充放电性能和良好热稳定性的锰酸锂产品。同年,采用自产的锰酸锂正极材料,其鲁团队又率先研制成功 100Ah 大容量动力电池,为电动汽车的发展提供了关键技术支持。

其鲁的科研成就得到了广泛认可,他多次荣获国家和北京市的科技奖项,包括 2003 年北京市科学技术一等奖、2004 年国家科技进步奖二等奖等。他不仅专注于科研,还积极推动科研成果的产业化应用,为我国新能源产业的发展作出了巨大贡献。

其鲁以其坚韧不拔的毅力、卓越的科研能力和无私的奉献精神,在锂离子电池材料领域树立了一座不朽的丰碑,激励着更多的科研工作者为实现我国新能源技术的突破而努力奋斗。

五、学习测试

一、单选题

1.锂离子电池注液的主要目的是( )。

    A.增加电池重量   B.提高电池电压

    C.提供离子导通的介质   D.增加电池体积

2.注液过程中,对电池进行抽真空操作的目的是( )。

    A.排出电池内部的空气   B.增加电解液的流动性

    C.降低注液的温度   D.增加电解液的量

3.注液过程中,控制注液速度和注液量的目的是 ( )。

    A.使电解液均匀分布在电池内部   B.加快注液流程

    C.节省电解液   D.防止电池过热

4.注液机的泵主要作用是( )。

    A.监测液位和流量   B.控制液体的流向和流量

    C.将液体从储液罐抽入管路中   D.负责整个设备的运行和控制

5.高压注液机的加压压力范围是( )。

    A.0.1~0.3MPa   B.0.5~0.8MPa   C.1~2MPa   D.2~3MPa

6.注液机从常压注液发展到等压注液,主要目的是 ( )。

    A.提高注液精度   B.提高极片的浸润速度,从而提高生产效率

    C.降低设备成本   D.使注液设备更安全

7.关于注液量对电池性能的影响,以下说法正确的是 ( )。

    A.注液量不足会使电池容量增大

    B.注液量过多对电池充电性能没有影响

    C.适当的注液量能保证电池放电性能稳定

    D.注液量大小对电池容量没有影响

8.注液后恢复大气压过程中,控制恢复速度和时间的原因是 ( )。

    A.防止电池鼓包

    B.确保电池内部的压力能够缓慢地恢复到大气压状态

    C.避免电解液泄漏

    D.使电池内部化学反应更充分

二、填空题

1._____就是在电池制造的过程中向电池中加入电解液,以确保电池有效运行并且长期稳定。

2.圆柱形电池注液的关键设备是_____和_____。

3.考核电池注液的最主要参数包括_____、_____(充分且均匀)、_____,这三

点都是由注液机的性能来实现的。

4.在注液前,需要对电池进行_____和_____处理,以确保电池内部没有杂质和水分。

5.注液机按加压方式分为_____和_____。

6.注液工装通常包括_____、_____等部件,用于保证电解液准确注入。

7.在圆柱形储能电芯注液过程中,_____主要用于精确地将电解液注入电芯内部。

8.注液完成后,通过_____处理去除电池内气泡和多余电解液。

9.注液完成恢复大气压后,电池需_____一段时间,使电解液充分渗透。

10.锂离子电池注液常采用多工位转盘注液机、腔体式注液机、_____注液机等设备。

三、判断题

1.圆柱形锂离子电池注液前,只需对电池进行清洗,不需要干燥。　　　　　　(　　)

2.注液工装的作用是将电解液直接倒入电池内部。　　　　　　　　　　　　(　　)

3.注液过程中,注液速度越快越好。　　　　　　　　　　　　　　　　　　(　　)

4.抽真空处理时,真空度越高、抽真空时间越长越好。　　　　　　　　　　(　　)

5.注液量过多只会影响电池的容量,不会影响其使用寿命。　　　　　　　　(　　)

6.注液完成后,直接对电池进行检测,不需要静置。　　　　　　　　　　　(　　)

7.注液机的传感器主要用于控制液体的流向和流量。　　　　　　　　　　　(　　)

四、简答题

1.简述锂离子电池注液的重要性。

2.简述锂离子电池注液工艺流程。

3.简述注液机的原理与分类。

4.简述注液量对锂离子电池性能和使用寿命的影响。

项目三 | 电芯后段工艺与检测

工作任务一

电芯化成

任务描述

经过前段和中段工序,圆柱形储能电芯初步制作成形,但此时电芯还未激活,无法正常使用,需要经过化成激活内部活性物质。工作人员按照化成工艺流程对电芯进行预化成、静置陈化、化成等工序完成电芯化成,检查电芯化成后的产品质量并完成数据报告。

任务目标

1. 知识目标

(1)了解电芯化成原理、作用。

(2)掌握电芯化成工艺流程。

(3)掌握电芯化成设备工作原理和技术状况。

2. 能力目标

(1)能够按照电芯化成工序设置工步、条件,撰写化成工艺方案。

(2)能够安全合规地操作和简要维护化成设备。

(3)能够统计电芯化成工艺有关数据报告。

3. 素质目标

(1)培养质量意识、绿色环保意识、安全意识、创新精神。

(2)培养热爱劳动、投身劳动的意识,弘扬劳动精神。

(3)培养诚实守信、团结友爱、互帮互助的品德。

建议课时

2~3 课时。

一、知识学习

化成原理、反应和作用

（一）化成工艺

封口后的电池经过清洗和干燥,在壳体表面套上热缩套管后即可进行化成工序。电池化成,也叫电池老化、电池陈化,是锂离子电池生产过程中的一道重要工序。

1.化成原理

化成是对注液后的电芯进行激活,通过充放电使电芯内部发生化学反应形成钝化膜层(Solid Electrolyte Interface,SEI 膜)以保证后续电芯在充放电循环过程中的安全、可靠、储存和长循环寿命等。

2.化成反应

锂离子电池首次循环时,在电解液和负极材料界面上发生化成反应,负极表面的溶剂、电解质以及杂质(表 3-1),反应生成固体、气体和液体,其中液体产物溶解在电解液中。

化成反应所有可能发生的化学反应 　　表 3-1

种类	名称	化学反应
溶剂	EC	$EC + 2e^- \rightarrow CH_2 = CH_2 \uparrow + CO_3^{2-}, CO_3^{2-} + 2Li^+ \rightarrow Li_2CO_3(s)$ $EC + 2e^- + 2Li^+ \rightarrow (CH_2CH_2OCO_2)Li_2$
	DEC	$CH_3CH_2OCO_2CH_2CH_3 + e^- + Li^+ \rightarrow CH_3CH_2OLi + CH_3CH_2OCO\cdot$
	DMC	$2DMC + 2e^- + 2Li^+ \rightarrow CH_3OCO_2Li + CH_3OLi + CH_3 + CH_3OCO\cdot$
	EMC	可以生成 $CH_3CH_2OCO\cdot$、$CH_3CH_2O\cdot$、$CH_3OCO\cdot$、$CH_3O\cdot$ 等自由基
锂盐	$LiPF_5$	$LiPF_6 \rightarrow LiF + PF_5$ $PF_5 + H_2O \rightarrow 2HF + PF_3O$ $PF_5 + 2xe + 2xLi^+ \rightarrow xLiF + LixPF_{5-x}$ $PF_3O + 2xe + 2xLi^+ \rightarrow xLiF + Li_xPF_{3-x}O$ $PF_6^- + 2e^- + 3Li^+ \rightarrow 3LiF + PF_3$
杂质	O_2	$1/2O_2 + 2e^- + 2Li^+ \rightarrow Li_2O$
	H_2O	$LiPF_6 \rightarrow LiF + PF_5$ $PF_5 + H_2O \rightarrow 2HF + PF_3O$ $Li_2CO_3 + 2HF \rightarrow 2LiF + H_2CO_3$ $H_2CO_3 \rightarrow H_2O + CO_2(g)$ $H_2O + e^- \rightarrow OH + 1/2H_2(g)$

（1）固体产物及 SEI 膜

固体产物主要包括烷基碳酸锂($ROCO_2Li$)、烷氧基锂(ROLi)、碳酸锂(Li_2CO_3)、氟化锂(LiF)、氧化锂(Li_2O)、氢氧化锂(LiOH)等。这些固体产物最终形成 SEI 膜。SEI 膜作为一层钝化膜,具备电子绝缘性和离子导电性。SEI 膜的电子绝缘性可以阻止溶剂分子在电极表面的还原反应,防止溶剂化锂离子嵌入石墨层间,稳定石墨负极的碳层结构,从而使碳负极具有稳定循环的能力,提高了锂离子电池的循环性能寿命;其离子导电性使 Li^+ 自由进出碳负极,使锂离子电池进行正常充放电反应。然而,SEI 膜的形成也会带来一些不利的影响:SEI 膜是由锂盐构成的,会消耗从正极迁移过来的锂离子,这就需要使用更多的含锂正极材料来补偿初次充电过程中的锂消耗;增加了电极/电解液界面的电阻,从而造成一定的电压滞后。

SEI 膜的膜厚度通常为 50 nm 左右,但在有些研究中 SEI 膜能达到 $1\mu m$。一些团队认为,首次充电至 3.0V 时,SEI 膜刚刚开始形成;充电至 3.8V 时,主要生成碳酸锂,同时有少量 LiF 和 CH_3OCO_2Li 生成;充电至 4.2V 时,锂盐分解,所以外层的主要化合物是 LiF、少量的 CH_3OCO_2Li 和碳酸锂。随后在放电时部分溶解,而在充电时又会生成。尽管整体不可逆,但是至少前 5 周充放电时会发生溶解和再生成。

SEI 膜的好坏对电池的电化学性能有直接的影响,如循环寿命、稳定性、自放电率以及安全性等。SEI 膜的组成、结构和性能与电极材料、电解液和化成工艺有关。虽然负极石墨材料的石墨化度高有助于提高电池容量,但会更容易发生溶剂共嵌入,使之难以形成致密的SEI 膜,通常在天然石墨表面包覆一层无定形碳形成核壳结构,有助于形成致密稳定的 SEI膜。电解液的溶剂、电解质盐、添加剂和杂质会影响 SEI 膜的组成结构和厚度。化成工艺的电流和温度对 SEI 膜有影响,如小电流密度有利于形成良好的 SEI 膜。

(2)气体产物

气体产物包括 C_2H_4 等烃类气体和 CO_2、H_2 等无机气体。气体的种类和气体量与化成电压有关(表 3-2),当化成电压低于 2.5V 时,产气量不大,产生气体主要为 H_2 和 CO_2;当化成电压为 3.0~3.5V 时,产气量最大,这一时期也是 SEI 膜形成的主要时期,气体主要由 C_2H_4、CO、CH_4、H_2 组成;当化成电压超过 3.8V 以后,产气量很少。

化成至不同电压下的总产气量和组成 表 3-2

编号	样品	产气体积（mL）	各气体的体积分数（%）									
			H_2	CO_2	C_2H_4	CH_4	C_2H_6	C_3H_6	C_3H_8	CO	O_2	N_2
1	0.02C 恒流充电至 2.5V	2.00	36.46	51.65	0.66	0.00	0.00	0.00	0.00	10.58	0.05	0.60
2	2.5V 恒压充电 24h	1.50	20.60	52.84	3.95	0.00	0.30	0.00	0.00	21.97	0.05	0.29
3	3.0V 恒压充电 24h	10.00	4.76	18.21	70.75	0.96	0.81	0.03	0.00	4.46	0.00	0.00
4	3.5V 恒压充电 24h	8.50	5.37	4.34	73.78	5.71	1.54	0.16	0.00	9.06	0.01	0.02
5	3.8V 恒压充电 24h	1.50	7.67	3.74	45.06	32.95	4.06	0.60	0.00	5.88	0.01	0.03
6	4.0V 恒压充电 24h	0.50	3.28	5.67	13.74	61.53	6.29	0.58	0.00	2.75	0.35	1.24
7	恒流充电至 4.3V,之后 4.2V 恒压充电 24h	0.10	5.52	8.95	0.48	65.11	7.03	0.59	0.13	11.59	0.11	0.48

化成时产生大量的气体,因此对于方形铝壳和钢壳锂离子电池,通常先要在开口的情况下进行预化成,将产生的气体排出,然后封口进行化成。钴酸锂离子电池预化成的充电电压通常要达到 3.5V,预化成可采用充电量来控制,通常需要充电至电池容量的 20% 左右。

（3）水分

水分是化成过程中最易引入的杂质,当电解液中水分含量较大时,水与 $LiPF_6$ 会反应生成 HF,而 HF 会进而破坏 SEI 膜结构,腐蚀集流体和正极物质。水分不仅会使电池性能变差,还会使化成过程产气量增大发生膨胀、内阻升高和循环性能变差等。水分对锂离子电池性能的影响如图 3-1 所示。

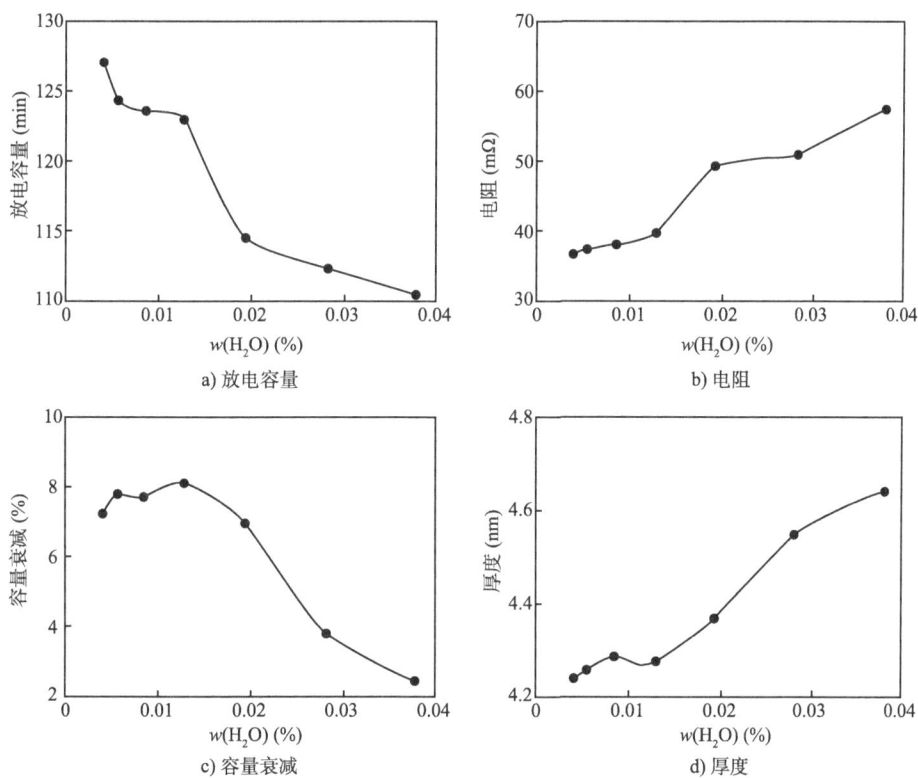

a) 放电容量
b) 电阻
c) 容量衰减
d) 厚度

图 3-1　水分对锂离子电池性能的影响

3. 化成对锂离子电池的作用

①锂离子首次从正极晶格进入电解液与负极,激活活性材料。

②部分锂离子在负极表面形成 SEI 膜,稳定负极与电解液界面,对提升循环寿命有重要意义。

③通过首次充电,排除部分装配异常的电池,如水分含盘超锅或短路等电池。

④首次充电过程中,会产生气体,软包或铝壳锂离子电池在化成后将气体抽去,避免鼓胀。

4. 化成工序及注意要点

圆柱形锂离子电池化成工序中,一般包括预化成、高温静置于化成 3 个步骤。

（1）预化成

预化成，也叫预充，通过预化成排除化成反应中产生的气体，防止电池封口后的气胀（圆柱形锂离子电池除外）。预化成电流通常较小，恒流充电达到低SOC（10%～30%）时开始高温静置。在预化成后，极片表面可以观察到指向极片边缘的河流状气路。当气路面积过大时，化成不均匀性增大，会使后续化成产生气体增多，导致电池的气胀。

锂离子电池预化成制度选择的主要原则如下：

①电流应该尽量小，以利于减少气路面积，提高化成均匀性，减少电解液损失。

②截止电压不宜过低或过高。当截止电压过低时，气体不能充分逸出，造成电池封口后气胀；当截止电压过高时，会使预化成时间延长，电池容易吸收环境中的氧气或水分等杂质，造成电池性能下降或封口后气胀。

③对电芯施加一定的夹紧力，可以防止气体排出时极片与隔膜被冲开而分离，减少气路形成面积，提高极片预化成的均匀性。

（2）静置陈化

陈化一般是指电池装配注液完成后第一次充电化成后的放置。陈化一般可分为室温陈化和高温陈化。两者作用都是使初次充电化成后形成的SEI膜性质和组成更加稳定，以保证电池电化学性能的稳定性。室温陈化是电池在环境温度下进行的陈化过程，不用控制温度且工艺简单，但是室温波动不能保证不同批次电池的一致性。高温陈化是电池在温度45～60℃的陈化过程，其特点是高于环境温度，能够控制老化温度的一致性，高温可以加速老化反应速度，使潜在的不良电池较快地暴露出来。但是过高的温度可能会造成电池性能下降。因此，高温老化所需的温度和时间需要具体的实验来确定。锂离子电池厂家通常采用高温陈化搁置1～3d，某些厂家还会在常温下搁置3～4d。

陈化的主要目的有以下三个：

①电池经过预化成工序后，电池内部石墨负极会形成一定的量的SEI膜，但是该膜结构紧密且孔隙小。将电池在高温下进行陈化，将有助于SEI结构重组，形成宽松多孔的膜。

②化成后电池的电压处于不稳定的阶段，其电压略高于真实电压，而陈化的目的就是让其电压更准确稳定。

③将电池置于高温或常温下一段时间，保证电解液能够对极片进行充分的浸润，有利于电池性能的稳定。

（3）化成

化成的主要目的包括：继续完成化成反应，形成完整的SEI膜，使电池具有稳定的循环性能；通过充电使电池极片内应力逐渐释放，极片膨胀和孔隙率增大，获得稳定的电池厚度。相比于预化成阶段，充电电流有所增加，恒流充电至SOC达到70%～80%时，完成化成工序。

锂离子电池的典型化成制度：预化成电流一般为0.02～0.05C，由注液后自然形成的电压充电到截止电压3.4 V或充电到容量的20%左右；化成电流一般为0.1C，充电截止电压为3.9 V以上。具体的化成电流和截止电压与锂离子电池的型号、原材料等设计因素有关。

对于圆柱形锂电池，化成工艺的关键控制点有电流大小和化成温度。化成时增大电流，化成时间缩短，产能与效率得到提高，但电流过大、化成时间过短会影响SEI膜形成的致密度及稳定性,对电池寿命产生一定负面影响。化成温度升高时,会加快化学与电化学反应速率,较快形成 SEI 膜,但其形成的 SEI 膜疏松且不稳定。

对于软包或铝壳电池,通常会使用一定程度的负压进行化成,将化成时产生的气体排出,改善极片与隔膜的接触界面,提高 SEI 成膜的均匀性。典型的化成制度见表 3-3。

电池(≤2000mA · h)典型的化成制度

表 3-3

化成阶段	化成制度
预化成	①0.2C 恒流充电至 4.10V,限时 150min; ②在化成柜上读取电压值,若电压值低于 3080V,需要分析原因并进行返工预充
化成	①0.5C 恒流充电至 4.2V 后,转 4.2V 恒压充电,截止电流是 0.05C,限时 120min,静置 10min; ②0.5C 恒流放电至 2.75V,限时 150min,静置 10min; ③1.0C 恒流充电至 4.2V 后,转 4.2V 恒压充电,截止电流是 0.05C,限时 120min,静置 10min; ④1.0C 恒流放电至 2.75V,限时 100min,静置 10min; ⑤1.0C 恒流充电至 3.85V,限时 45min,然后转 3.85V 恒压充电,截止电流是 0.01C,限时 120min

(二)化成设备

化成设备

1.电池化成柜

电池化成柜是电池化成的主要设备,通常由充电控制器、中央控制板、恒流恒压源和通道控制板四部分组成。充电控制器接受操作人员输入的充电工步,并根据充电工步发出控制信号给中央控制板控。中央控制板根据充电控制器发出的信号,并与柜上采集到的电流电压信号一起处理发出恒流恒压源的控制信号。恒流恒压源根据中央控制器发出的信号,输出相应的电流或电压。通道控制板提供电流通道,并进行开路、短路检测与控制。电池化成柜的工作示意图如图 3-2 所示。

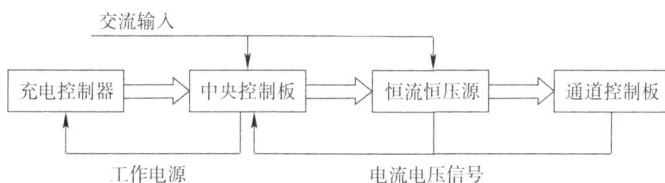

图 3-2　电池化成柜的工作示意图

电池化成柜一般采用主从控制方式,每台电池化成柜有多个通道,每个通道之间完全独立,可以进行独立编程,编程步数不少于 200 步。电池化成柜的工作模式可调,具有恒流充放电、恒电压充电、恒功率放电、恒阻放电、静置等模式。电池化成柜对电压和电流的精度有一定要求,如蓝电化成柜电压精度为 0.05% RD ± 0.05% FS(控制及检测),电流精度为 0.05% RD ±0.05% FS。

2.高低温静置柜

化成前高温静置,可以提高锂离子电池的性能和稳定性。锂离子电池在制造完成后,需要经过一系列的充放电循环来激活电池,使其达到最佳性能。而在高温条件下静置不仅可以促使电池内部的材料更均匀地充分混合,还可以加速活化锂离子导电层,提高电池的导电性能,从而提高电池的性能和稳定性。

化成前高温静置,可以帮助检测电池的质量。在高温静置的过程中,可以观察电池是否发生异常现象,如漏液、电解液浸润等。如果有异常现象出现,应及时修复或淘汰该电池,确保生产出的电池质量达标。虽然化成前高温静置对锂离子电池有很多好处,但也需要注意控制好静置的时间和温度。如果静置时间过长或温度过高,可能会导致电解液的不稳定性增加,从而对电池产生负面影响。在进行化成前高温静置时,应遵循生产厂家提供的具体操作规范,确保静置的时间和温度在合适范围内。高低温静置柜如图 3-3 所示。

图 3-3　高低温静置柜

二、任务实施

化成工序任务实施步骤见表 3-4。

化成工序及注意要点

化成工序任务实施步骤　　　　　　　　　　　　　　　　表 3-4

车间工作任务	储能电芯生产过程
生产岗位	化成工艺岗位
工艺路线	
原材料及设备准备	步骤1:准备好已完成注液的电芯。 步骤2:调试电池化成柜和高低温静置柜,确保正常运行
预化成	步骤1:将完成注液的电芯放置在化成柜中,设置预化成电流(0.02~0.05C)。 步骤2:设置电压充电到截止电压3.4V或充电到容量的20%左右
静置陈化	步骤1:将预化成后的电芯放置在高低温静置柜中进行陈化。 步骤2:设置温度为45℃或60℃,静置12h或24h
化成	步骤1:将静置陈化后的电芯放置到电池化成柜中正式化成。 步骤2:设置化成电流(0.1C),充电截止电压为4.0V以上。 步骤3:检查化成后的电压,电压为3.85V以上合格,否则必须重新充电
注意事项	合适的化成电流、化成电压、化成温度对优化和提高电池性能有非常重要的作用,实际操作过程中需防止出现电池反接、过充及接触不良等问题
车间管理	8S 管理

三、任务评价

磷酸铁锂电芯化成理实一体化任务评价表见表3-5。

磷酸铁锂电芯化成理实一体化任务评价表   表3-5

班级			成员		
组号			时间		
自我评价					
评价指标	评价要素	评价标准		配分（分）	得分（分）
课前工作	网络资源查找	按要求查找相应的资料得10分，查找资料不全按相应的查找情况得2~8分，未按要求查找不得分		10	
	课前资源学习及课前测试	按照云班课上资源学习的完成情况及课前测试得分给出相应的分值		10	
参与状态	出勤情况	迟到或早退的每次扣2分，缺勤每次扣10分		10	
	协作交流情况	按照能积极开展交流协作、能参与到其他同学的交流协作及通过教师引导参与同学交流协作三个档次分别得15分、10分、5分		15	
	积极思考，主动和教师交流	基础分6分，每次和教师交流加1分		10	
	深入思考，发现问题	基础分6分，每次发现相关问题并和教师交流加1分		15	
	遵守课堂纪律	每违反一次课堂纪律扣2分，直至扣完		10	
任务完成情况	工作计划	按照工作计划制订的完整度和合理性分别得2~10分，未制订工作计划不得分		10	
	工作任务	能够按计划完成相关工作任务得10分，每超过计划5min扣2分		10	
总分		权重分(20%)			
个人自评：					
组内互评					
评价指标	评价要素	评价标准		配分（分）	得分（分）
课前工作	团队协作查找信息	总分10分，在课前能和小组成员一起查找资料，汇总资料，请按照参与程度分别得2~10分，若未参与得0分		10	
参与状态	小组讨论	总分15分，在小组学习过程中能积极参加讨论，按参与度得5~10分，若在讨论过程中有建设性意见每次加2分		15	

评价指标	评价要素	评价标准	配分(分)	得分(分)
参与状态	小组协作	总分15分,在需要小组成员协作解决问题时,能积极参与,按照参与程度得5~10分,若在此过程中主持小组协作每次加2分	15	
	小组汇报	总分15分,按照汇报的情况,进行小组汇报的成员得10~15分,能协助进行汇报的成员得5~10分	15	
	纪律问题	总分15分,遵守课堂纪律,尊重小组成员和相应的工作成果,如出现违反课堂纪律不尊重小组成员及劳动成果的现象,每次扣2分	15	
任务完成情况	工作任务	总分15分,认真与团队协作,按时按质完成工作任务。按照对团队的贡献从低到高分别得5分、10分、15分	15	
	收尾工作	总分15分,在任务完成后按照相关要求进行物品规整、资料整理等工作,按照参与度分别得5分、10分、15分	15	
总分		权重分(20%)		
组员评价:				

教师评价

序号	任务	评价要点	配分(分)	得分(分)
1	化成目的	描述化成目的	5	
2	化成工序	描述化成工序	10	
3	化成设备	启动操作设备	10	
4	预化成	设置预化成工步,实施预化成	20	
5	静置陈化	设置静置陈化条件,实施陈化	20	
6	化成	设置化工步,实施化成	20	
7	安全要求	遵守安全规则	5	
8	环保要求	保护环境	4	
9	思政要求	精神素养	6	
考核团队				
总分		权重分(60%)		
总得分				
教师评价:				

四、拓展阅读

比亚迪传奇:如何从电池制造商转变为自主汽车企业

比亚迪公司于1995年成立,主要业务是手机电池,凭借过硬的质量和低廉的价格获得了很多大牌手机厂商的订单。比亚迪始终坚持"技术为王,创新为本"的发展理念,凭借研发实力和创新的发展模式,获得了全面的发展,并在电池、电子、乘用车、商用车和轨道交通等多个领域发挥着举足轻重的作用。在电池领域,比亚迪具备100%自主研发、设计和生产能力,凭借20多年的不断创新,产品已经覆盖消费类3C电池、动力电池(磷酸铁锂离子电池和三元电池)、太阳能电池,以及储能电池等领域,并形成了完整的电池产业链。目前,比亚迪是全球产能最大的磷酸铁锂离子电池厂商。除新能源车和轨道交通外,比亚迪的电池产品广泛用于太阳能电站、储能电站等多种新能源解决方案。比亚迪是全球领先的太阳能和储能解决方案供应商,产品已经出口至美国、德国、日本、瑞士、加拿大、澳大利亚、南非等多个国家和地区,主要客户包括中国国家电网、中广核、美国雪佛龙、德国Fenecon、日本A-style等。100年前,做汽车需要的是智慧。100年后,做汽车需要的则是勇气——对于年轻的中国汽车工业而言,尤其如此。作为国内成长最快,走自主品牌的比亚迪汽车,它将开创一个奇迹。

五、学习测试

一、单选题

1. 下列关于圆柱电池的制备工艺中,说法不正确的是(　　)。
   A. 圆柱电池的制备工艺流程可大体分为前工序、中工序两个工序
   B. 前工序主要为极片制作,即加工出合适尺寸与厚度的电极片
   C. 中工序为装配,将前工序制好的极片卷绕成卷芯装入壳体中,注入电解液后焊接正负极极耳,将盖帽密封在圆柱电池上
   D. 后工序包括电池化成、分容与老化等

2. 下列关于圆柱电池化成工序的说法,不正确的是(　　)。
   A. 化成是组装后的电池依靠外电源首次充电,将电池中极片活性物质激活的过程
   B. 化成的关键控制点有电流大小和化成温度
   C. 圆柱电池化成工序一般包括预化成、高温静置与化成三个步骤
   D. 若化成电流增大,将对电池寿命带来正面影响

3. 高温静置的目的是(　　)。
   A. 电池去极化　　B. SEI膜重组　　C. 浸润正负极片　　D. 排气

4. 容量测试阶段的过程是哪种方式?(　　)
   A. 恒流放电　　B. 恒流充电　　C. 恒流恒压充电　　D. 恒流恒压放电

5. 高温化成的温度一般是(　　)。
   A. 45～60℃　　B. 60～80℃　　C. 80～100℃　　D. 50～80℃

二、多选题

1. 静置陈化的目的主要是(　　)。

　A. 有助于 SEI 结构重组,形成宽松多孔的膜

　B. 让电池电压更准确稳定

　C. 保证电解液能够对极片进行充分的浸润,稳定电池性能

　D. 排除电池中的气体

2. 水分对锂离子电池性能的影响有(　　)。

　A. 增强电解质导电性

　B. 反应生成 HF,进而破坏 SEI 膜结构

　C. 使化成过程产气量增大发生膨胀、内阻升高和循环性能变差

　D. 排除电池中的气体

3. 锂离子电池化成工序有(　　)。

　A. 预化成　　　　　　　　　B. 静置陈化

　C. 化成　　　　　　　　　　D. 封装

4. 化成造成内阻大的原因有(　　)。

　A. 水含量超标　　　　　　　B. 未注液或注液量少

　C. 极耳虚焊　　　　　　　　D. 电解液浸润不充分

三、判断题

1. SEI 膜的作用是阻止所有分子通过从而保护电极。　　　　　　　　　　(　　)

2. 化成工艺的电流和温度对 SEI 膜有影响,小电流密度有利于形成良好的 SEI 膜。

　　　　　　　　　　　　　　　　　　　　　　　　　　　　　　　　(　　)

3. 预化成电流应该尽量小,利于增大气路面积,提高化成均匀性。　　　　(　　)

4. 锂离子电池化成充电模式是先恒流再恒压充电。　　　　　　　　　　(　　)

5. 对于圆柱电池,化成时增大电流,化成时间缩短,产能与效率得到提高。　(　　)

四、简答题

1. 锂离子电池化成的作用是什么?

2. 锂离子电池化成反应的生成物有哪些?

3. 试设计 18650 锂离子电池的化成制度。

4. 如何减小水分对化成工艺的影响?

工作任务二

电芯分容

任务描述

电芯在制造过程中,即使是同一型号、同一批次的锂离子电池,也因工艺原因使得电池的实际容量不可能完全一致,而电芯产品出厂需要保证性能的一致性,由单体电芯组成的电芯组才能发挥更好的性能。工作人员对完成化成工艺的电芯进行外观检验、电压检验、容量分选、内阻分级、厚度检验等分容工艺。

任务目标

1. 知识目标

(1)了解分容原理、作用。

(2)掌握分容工序及注意事项。

2. 能力目标

(1)能够按照分容工序撰写分容工艺方案。

(2)能够操作和维护分容设备。

(3)能够判断分容产品质量。

3. 素质目标

(1)培养崇德向善、诚实守信、团结协作、互帮互助的品德。

(2)树立科技报国、为民造福的理想。

(3)培养环保意识,推动锂电新能源产业可持续发展。

建议课时

2～3 课时。

一、知识学习

通过对电池各项性能和产品指标进行检验,将电池按照产品等级标准分开的过程称为分容。只有电池的测试容量大于或等于设计容量时,电池才是合格的。合格品出厂供应客户,不合格品降价处理、销毁或者回收原材料。

(一)分容工艺

1.分容原理

分容主要通过使用电池充放电设备对化成后的电池进行充放电测试和定容,即在设备上按工艺设定的充放电工步进行充满电、放空电(符合满电截止电压和空电截止电压)的过程,进而得到电池实际容量。

2.分容作用

(1)确定电池的质量等级

电池分容时,通过计算机管理得到每个检测点的数据,从而分析出这些电池容量的大小和内阻等数据,由此确定电池的质量等级。

分容原理和作用

(2)电池分类组编

分容可对筛选出的内阻和容量相同的单体进行组合。只有性能很接近的电池才能组成电池组。例如,动力电池组为满足电动汽车的能量需求,往往需要数十支到数千支电池组成,系统复杂性会导致电池组内的电池在使用过程中的衰降速度并不一致,这不仅会造成电池组的可用容量下降,还会导致电池组的安全性降低。研究显示,即便是单体电池循环寿命可达 1000 次以上,在组成电池组时,如果没有均衡设备的保护,电池组的循环寿命可能不足200 次。因此,对于电池组来说,单体电池的一致性是一个非常重要的参数。

3.分容工序

(1)外观检验

挑出外观不合格的产品,不合格的电池外观有明显变形、划伤、压痕、异物、破损、脏污、腐蚀等。电池外观检验如图 3-4 所示。

分容工序(1)

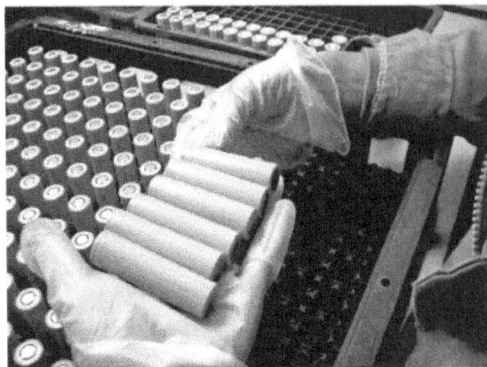

图 3-4　电池外观检验

(2)电压检验测自放电

自放电是指电池在开路状态下的内部副反应和微短路导致储存的能量被消耗。将圆柱形锂离子电池在常温下静置,静置时间为 7 ~ 21d,在静置前后记录电池的开路电压(Open Current Voltage,OCV),通过静置前后的电压降计算得到 K 值,通过 K 值的结果,将电压不合格、自放电较大的电池不良品除去。对于电压不合格电池,视为可疑自放电产品需要重新充电进行二次电压检验,不合格者停止流通。经过电压一次检验和二次检验的合格品贴绝缘胶片,防止盖板上电极短路,然后对所有电池进行容量分选。

①电池的开路电压指锂离子电池不存在电流以及任何极化状态时的静态电压。

②K 值在锂电行业中定义为单位时间内的电池的电压降,单位为 mV/d 或 mV/h。K 值通常用来评估锂离子电池自放电速率,当电池内部存在微短路时,会出现 K 值超规格的不合格品。K 值计算公式如下所示,优良的电池 K 值一般小于 2mV/d。

$$K = \frac{OCV_1 - OCV_2}{T_1 - T_2} \tag{3-1}$$

式中:OCV_1——第一次测量电池开路电压的电压值,mV;

OCV_2——第二次测量电池开路电压的电压值,mV;

T_1——第一次测量电池开路电压的时间,d;

T_2——第二次测量电池开路电压的时间,d。

(3)容量分选

首先将电池充电至满充状态,满充后电池按照一定倍率(0.5C 或 1C)进行放电,一般放电至放电下限电压(通常为 2.5V 或 2.8V)并记录放电容量,剔除容量异常品后将放电容量分布按照一定规则进行分组。分容时若容量测试不准确,会导致电池组的容量一致性较差。

锂离子电池放电容量的测定方法:恒流放电至截止电压时所持续的放电时间(t)与电流(I)的乘积,即

$$C = I \cdot t \tag{3-2}$$

例:一只 BAK18650C4 额定容量为 2200mA·h 的电池在常温下用恒流 0.5C(1100mA)放电,由 4.2V 放电至 3.0V 时所持续的时间为 123min,计算它的放电容量(C),即

放电电流 × 放电时间 = 1100 × 123/60 = 2255(mA·h)

故该电池的放电容量为 2255mA·h。

分容工序(2)

(4)内阻分级

分容后的电池进行内阻分级。电池的内阻越小,功率性能就越好。

(5)厚度检验

针对软包电池、方形电池等进行厚度测定,不合格电池重新压扁后测定厚度,分出不同等级厚度的产品,最后确定产品等级。

分容分选的全检项目工艺流程如图 3-5 所示。需要注意的是,温度对锂离子电池电化学反应活性及锂离子迁移速率等具有明显的影响,在锂离子电池化成与分容过程中,需对工作环境温度进行控制,以保证在充放电柜不同区域具有相

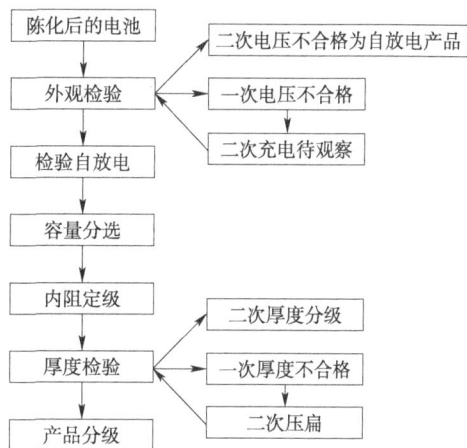

图 3-5 分容分选的全检项目工艺流程

对一致的温度。

4. 锂离子电池分容分选标准

电池的全检项目指标与合格率有关。项目指标越严格,电池的合格率越低,制造成本越高。分容分选项目的具体指标通常根据生产厂家的电池制造水平和客户的要求,由双方协商确定。表3-6为某企业1800mA·h的18650锂离子电池的分容分选标准。

锂离子电池分容分选标准及分容设备

18650S-1800mA·h 锂离子电池分容技术标准　　　　　　　表 3-6

等级		容量(mA·h)	时间(min)	内阻(mΩ)	外观
A	A₁	>1860	>62	≤50	电池外壳光洁平整、无锈斑及污渍、无刮痕、无凹凸变形;上盖封口无偏斜,密封圈无压斜,无漏液
	A₂	1860~1800	62~60		
B		1800~1500	60~50	50~80	电池外壳平整,无严重锈斑及污渍、无严重刮痕、无严重凹凸变形;上盖封口无严重偏斜,密封圈无严重压斜,无明显漏液
C		<1500	<50	<80	电池外壳基本正常,不严重变形、发鼓;密封圈可有压斜但不致造成短路,无严重漏液
D(报废)		短路、断路、盖帽脱落、严重变形发鼓及有其他严重缺陷的电池			

(二)分容设备

从设备功能的角度来看,电池的分容与化成设备基本一致,具有一定精度的充放电柜即可实现。充放电柜的功能包括:将交流电源转换成直流电源,对充放电电流与电压全程监控,具有较高的充放电电流、电压以及充电时间等关键参数控制精度,如部分化成分容设备对电流与电压的控制精度能达到2mA与2mV。化成分容设备具有相对较高的安全性,能够预判并保护电池,及早防止过充等危险的发生。设备具有较多的充放电通道,对不同尺寸的电池兼容性较高。充放电柜具有较好的人机交互界面,操作系统简单方便,数据容易保存和导出。部分设备能量转换率较高,具有一定充放电能量回收功能。常见的化成分容柜如图3-6所示。

图 3-6　化成分容柜

二、任务实施

分容工序任务实施步骤见表3-7。

分容工序任务实施步骤　　　　　　　表 3-7

车间工作任务	储能电芯生产过程
生产岗位	分容工艺岗位
工艺路线	
原材料及设备准备	步骤1:准备好已完成化成工艺的电芯。 步骤2:调试好化成分容柜,确保正常运行

外观检验	通过人眼观察挑选出外观明显不合格的电池,检测缺陷包括划伤、压痕、异物、破损、脏污、腐蚀等
电压检验自放电	步骤1:将电池在常温下静置,设置静置时间(7~21d)。 步骤2:在静置前后记录电池的OCV_1、OCV_2,计算得到K值。 步骤3:将电压不合格、自放电较大的电池不合格品除去。 步骤4:将通过电压一次检验和二次检验的合格品贴绝缘胶片
容量分选	步骤1:将电芯恒流恒压充电至满充状态。 步骤2:按照一定倍率(0.5C或1C)进行放电,一般放电至截止电压(2.75V)并记录放电容量。 步骤3:剔除容量异常品后,将电芯按照放电容量的一定规则进行分组
内阻分级	分容后的电池按内阻大小进行标准分级
车间管理	8S管理

三、任务评价

磷酸铁锂电芯化成理实一体化任务评价表见表3-8。

磷酸铁锂电芯化成理实一体化任务评价表   表3-8

班级		成员	
组号		时间	
自我评价			

评价指标	评价要素	评价标准	配分(分)	得分(分)
课前工作	网络资源查找	按要求查找相应的资料得10分,查找资料不全按相应的查找情况得2~8分,未按要求查找不得分	10	
	课前资源学习及课前测试	按照云班课上资源学习的完成情况及课前测试得分给出相应的分值	10	
参与状态	出勤情况	迟到或早退的每次扣2分,缺勤每次扣10分	10	
	协作交流情况	按照积极开展交流协作、参与到其他同学的交流协作及通过教师引导参与同学交流协作三个档次分别得15分、10分、5分	15	
	积极思考,主动和教师交流	基础分6分,每次和教师交流加1分	10	
	深入思考,发现问题	基础分6分,每次发现相关问题并和教师交流加1分	15	
	遵守课堂纪律	每违反一次课堂纪律扣2分,直至扣完	10	
任务完成情况	工作计划	按照工作计划制定的完整度和合理性分别得2~10分,未制定工作计划不得分	10	
	工作任务	能够按计划完成相关工作任务得10分,每超过计划5min扣2分	10	
总分		权重分(20%)		

个人自评：

组内互评				
评价指标	评价要素	评价标准	配分（分）	得分（分）
课前工作	团队协作查找信息	总分10分，在课前能和小组成员一起查找资料，汇总资料，请按照参与程度分别得2~10分，若未参与得0分	10	
参与状态	小组讨论	总分15分，在小组学习过程中能积极参加讨论，按参与度得5~10分，若在讨论过程中有建设性意见每次加2分	15	
	小组协作	总分15分，在需要小组成员协作解决问题时，能积极参与，按照参与程度得5~10分，若在此过程中主持小组协作每次加2分	15	
	小组汇报	总分15分，按照汇报的情况，进行小组汇报的成员得10~15分，协助进行汇报的成员得5~10分	15	
	纪律问题	总分15分，遵守课堂纪律，尊重小组成员和相应的工作成果，如出现违反课堂纪律不尊重小组成员及劳动成果的现象，每次扣2分	15	
任务完成情况	工作任务	总分15分，认真与团队协作，按时按质完成工作任务。按照对团队的贡献从低到高分别得5分、10分、15分	15	
	收尾工作	总分15分，在任务完成后能按照相关要求进行物品规整、资料整理等工作，按照参与度分别得5分、10分、15分	15	
总分		权重分（20%）		

组员评价：

教师评价				
序号	任务	评价要点	配分（分）	得分（分）
1	分容原理	描述分容方法	5	
2	分容工序	描述分容工序	5	

续上表

序号	任务	评价要点	配分(分)	得分(分)
3	分容设备	启动操作设备	5	
4	外观检验	观察电池外观,剔除残次品	10	
5	电压检验自放电	测出静置开路电压,计算出 K 值	20	
6	容量分选	操作化成分容柜,得出电池放电容量	20	
7	内阻分级	内阻测试,确定电池内阻等级	20	
8	安全要求	遵守安全规则	5	
9	环保要求	保护环境	4	
10	思政要求	精神素养	6	
考核团队				
总分		权重分(60%)		
总得分				
教师评价:				

四、拓展阅读

从"自行车王国"到"新能源汽车大国"

走进时间的长河,回溯至20世纪90年代初,当时中国还被世人称为"自行车王国",汽车行业尚处于起步阶段。然而,在这个相对宁静的时期,钱学森院士的一封信却打开了新能源汽车研发的大门。他向国家建议发展电动汽车项目,为中国汽车工业注入了新的活力。正是在这样的背景下,中国新能源汽车的项目正式立项。随着该项目的努力进行,1995年,中国诞生了第一辆新能源汽车——"远望号"。这辆车的诞生标志着我国在新能源汽车领域迈出了第一步,成了中国新能源汽车的开创者。2009年,财政部、科技部相继发布《关于开展节能与新能源汽车示范推广试点工作的通知》,引导新能源汽车的示范推广。在新能源汽车的发展历程中,政策的引导、技术的突破、市场的导向,构成了一个复杂而庞大的系统。目前,全球汽车市值前十的公司里就有3家中国车厂,分别是排在第四的比亚迪、排在第五的蔚来和排在第十的小鹏。同时,中国大力推动新能源汽车的技术开发和产品落地。不可忽视的是,中国已经成为世界上新能源汽车产量和产量最高的国家。

五、学习测试

一、单选题

1.下列关于分容的说法中不正确的是(　　　)。

A. 分容前通常将化成后的圆柱形锂离子电池在常柱下静置,静置时间为 2 ~ 3d 即可

B. 在锂离子电池化成与分容过程中,需对工作环境温度进行控制

C. 因制备工艺等原因,电池的容量不可能完全一致,通过一定放电制度检测,将容量分类的过程称为分容

D. 分容前需将自放电较大的电池不良品除去

2. 下列关于 OCV 的理解,正确的是(　　)。

A. 称为短路电压

B. 不存在电流以及任何极化状态时的静态电压

C. 存在电流或可能存在极化状态时的静态电压

D. 可能存在极化状态下的静态电压

3. 电池的内阻越小,(　　)性能就越好。

A. 稳定　　　　　　B. 功率　　　　　　C. 电压　　　　　　D. 电流

4. 对于 18650 锂离子电池,内阻一般不超过(　　)为合格电池。

A. 50 Ω　　　　　　B. 80 mΩ　　　　　C. 50 mΩ　　　　　D. 80 Ω

5. 锂离子电池放电容量的测定方法是＿＿＿＿模式下放电至＿＿＿＿时所持续的放电时间与电流的乘积。(　　)

A. 恒流放电　安全电压　　　　　　B. 恒功率放电　截止电压

C. 恒流恒压放电　终止电压　　　　D. 恒流放电　截止电压

6. 对于方形电池或软包电池,内阻定级后需要进行至少(　　)次厚度检验。

A. 1　　　　　　　B. 2　　　　　　　C. 3　　　　　　　D. 4

二、多选题

1. 分容主要工序包括(　　)。

A. 外观检验　　　B. 电压检验　　　C. 容量分选　　　D. 内阻定级

2. 外观检验中(　　)等可判定为不合格电池。

A. 有明显变形、划伤　　　　　　　B. 附着有异物、脏污

C. 明显腐蚀　　　　　　　　　　　D. 内阻较大

3. 自放电检验中关于 K 值正确的描述是(　　)。

A. K 值为单位时间内的电池的电压降

B. 通常用来评估锂离子电池自放电速率

C. K 值越大对电池性能越好

D. K 值越小对电池性能越好

三、判断题

1. 分容后老化的目的主要是检测断路的电池。　　　　　　　　　　(　　)

2. 电池首次分容后需静置一段时间,这期间可能产生自放电变小、内阻变大等现象。　　　　　　　　　　　　　　　　　　　　　　　　(　　)

3. 温度对锂离子电池电化学反应活性及锂离子迁移速率等具有明显的影响。(　　)

4. 电池分容与化成设备基本一致,具有一定精度的充放电柜即可实现。(　　)

5.化成分容设备应能够预判并保护电池,及早防止过充等危险。　　　　（　　）

四、简答题

1.标称容量为1800mA·h的18650锂离子电池在常温下用恒流0.8C放电,由4.2V放电至2.75V时所持续的时间为115min,试计算它的放电容量。

2.电池的内阻对电池性能有什么影响?

3.分容工序的主要作用是什么?

4.试设计18650锂离子电池分容工艺标准。

工作任务三
电芯检测

任务描述

为保证产品质量,工作人员需对每一批次的电池产品随机挑选样品进行产品检测,以电性能和机械安全性能为主要检测项目,以锂离子电池国标测试为合格标准,只有电芯检测合格后方能出厂。

任务目标

1. 知识目标

(1)了解锂离子电池性能国家检测标准。

(2)了解锂离子电池电性能检测的意义及方法。

(3)了解锂离子电池机械安全性能检测的意义及方法。

2. 能力目标

(1)能够对电芯进行充放电、自放电及储存性、寿命、高低温性能等电性能检测。

(2)能够对电芯进行振动、冲击、自由跌落、碰撞、针刺等主要机械安全性能检测。

(3)能够撰写产品综合检测报告。

3. 素质目标

(1)培养严谨认真、精益求精的工作态度。

(2)培养团队合作精神,在团队中相互协作、共同进步,为实现共同目标而努力。

建议课时

3~4课时。

一、知识学习

（一）电池性能

1. 电性能

（1）充放电性能

将电池正负极与测试设备连接进行充放电,记录充放电电压或充放电电流随时间的变化规律。

①电池充电。

锂离子电池一般采用恒流恒压充电模式,先根据锂正负极活性材料及电解液体系选定恒电流充电的截止电压,充电达到该数值后再恒电压充电到预先设置好的某个极小的电流值或某个特定时间停止充电(图3-7a)。充电电压越低、变化速度越慢,说明电池在充电过程中的极化越小、充电效率就越高,可推测该电池有较长的使用寿命。充电终点电压的高低可反映电池性能的优劣或影响电池的性能,锂离子电池充电终点电压过高可能导致电解液分解或活性物质的不可逆相变,使电池性能急剧恶化。

②电池放电。

锂离子电池的放电模式一般为恒流放电模式,其中包括连续放电和间歇放电。低温或大电流放电时,电极极化较大,导致电池电压下降较快,所以截止电压一般设置较低(大于保护电压)。一个性能良好的化学电源只有具备保持高的放电电压的能力,才能够保证用电器长时间处于正常的工作电压范围内。放电电流的大小直接影响化学电源的放电容量(图3-7b)。

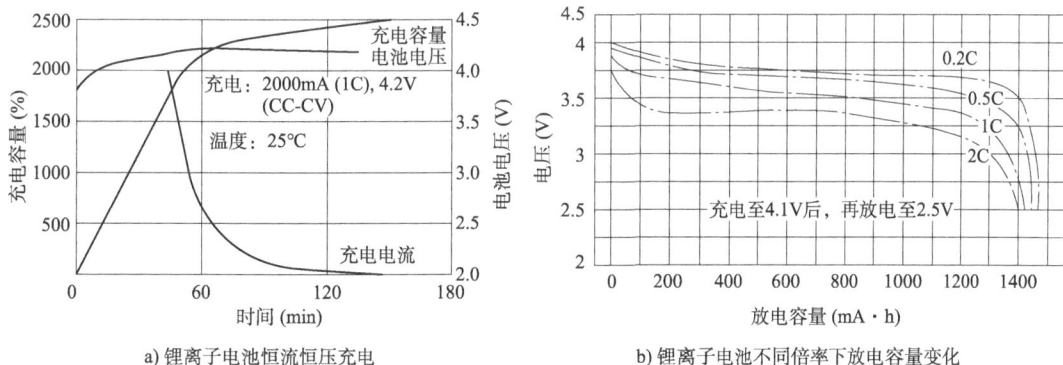

a) 锂离子电池恒流恒压充电

b) 锂离子电池不同倍率下放电容量变化

图3-7 锂离子电池充放电容量变化图

（2）自放电及储存性能

按照国标的规定,化学电源自放电性能测试的具体方法:在(20 ± 5)℃下,首先以$0.2C$的倍率充放电测量其放电容量为储存前的放电容量,然后同样以$0.2C$的倍率充电并搁置28d后以$0.2C$的放电电流测量储存后的放电容量,最后计算出自放电率或容量保持分数。

$$自放电率 = \frac{储存前放电容量 - 储存后放电容量}{储存时间} \times 100\% \qquad (3-3)$$

$$容量保持分数 = \frac{储存后的放电容量}{储存前的放电容量} \times 100\% \qquad (3-4)$$

（3）寿命

通常所说的化学电源的寿命是指充放电寿命（循环寿命），即在一定的充放电制度下，化学电源的容量下降到某一规定值（初始容量的百分数）以前所能够承受的充放电循环次数。锂离子电池寿命是指在理想的温湿度下，以额定的充放电电流进行充放电，计算电池容量衰减到80%时所经历的循环次数。影响二次电池循环寿命的因素很多，如电极材料、电解液、隔膜及制造工艺等，都会对电池循环寿命有较大的影响。这些因素相互影响，共同决定了电池的使用寿命。在电池寿命的测试中，电池的容量不是唯一衡量电池循环寿命的指标，还应综合考虑其电压特性、内阻变化等。具有良好循环性能的电池，在经过若干次循环后，既要求容量衰减不超过规定值，也要求电压特性相应地无大的衰减。

某三元锂离子电池放电深度对电池循环寿命的影响如图3-8所示。

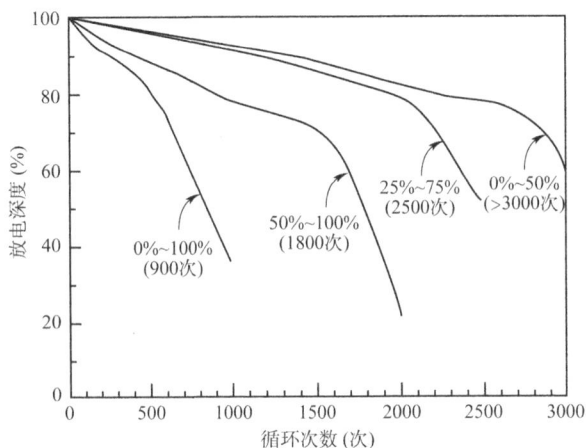

图3-8 某三元锂离子电池放电深度对电池循环寿命的影响

（4）高低温性能

按照国标的规定，化学电源高低温性能的具体测试方法：将化学电源在(20 ± 5)℃下以0.2C充电后转移至低温箱或高温箱恒温一定的时间（低温下锂离子电池16~24h、MH-Ni电池48h，高温下一般为1~2h），然后以0.2C放电到规定的截止电压。

（5）内阻

化学电源的内阻是指当电流通过时所受到的阻力。内阻的高低直接决定了化学电源充电电压及工作电压等电压特性的高低。内阻越大，其电压特性越差，即充电电压越高而放电电压越低；内阻越小，充电电压越低，放电电压越高，总的电压特性越好。电池内阻会随着电池的使用而逐渐增大。内阻大的电池，充放电的时候内部功耗大，发热严重，造成电池加速老化和寿命衰减，限制大倍率的充放电应用。

2.机械安全性能

（1）振动测试

此项测试旨在模拟锂离子电池在交通运输时，可能遇到的各种频率（10~ 机械性能测试-1

55 Hz)振动情况,发生潜在安全问题的可能性。目前国际上的测试要求,将电池固定在振动测试设备上,从 10 Hz 开始,以 1 Hz/min 的增幅,提升至 55 Hz。沿 X、Y、Z 轴方向,每个方向持续振动各 90 min 左右。锂电池在振动测试下合格标准:不起火、不爆炸、不漏液、无明显损伤,电池容量损失小于 5%。

（2）冲击测试

测试条件:将电芯充满电,9.1 kg 重物从 0.61 m 高度自由落体到直径 15.8 mm 的钢棒上(钢棒在测试电池上)。合格标准:不起火、不爆炸。

机械性能测试-2

（3）自由跌落测试

此项测试旨在模拟锂离子电池在用户使用或电池装配过程中,无意间将电池掉落在地面的情况。目前国际和国内测试标准要求(JIS C8714、UL 1642、GB/T 18287):电池从 1 m 高度,用不同的方向重复重力自由下落到水泥地面上若干次。电池在自由跌落测试下合格标准:无明显损伤、不爆炸、不冒烟、不漏液、放电时间不低于 51 min。

（4）碰撞测试

此项测试旨在模拟锂离子电池在用户使用或电池运输过程中,可能遇到的强烈物理冲击的情况。目前国际和国内测试标准要求:将电池固定在冲击测试设备上,开始 3 ms 至少要达到 75 g,直到 125～175 g 的峰值加速度,进行半正弦冲击。电池在碰撞测试下合格标准:无明显损伤、不爆炸、不冒烟、不漏液。

（5）挤压测试

此项测试旨在模拟锂离子电池在遭受机械挤压时的安全性能。将充满电芯置于挤压装置的平面上,用钢板挤压电芯,直至压力达到(13±1)kN。电池在挤压测试下合格标准:不起火、不爆炸。

（6）重物冲击测试

此项测试旨在模拟锂离子电池在遭受重物冲击时的安全性能。将充满电芯水平放置于平面上,一根直径 15.8 mm 的铁棒放在样品中心,让质量 9.1 kg 的铁锯从(600±25)mm 高度自由落下,砸在电芯样品上。国标下落高度为 1 m。电池在重物冲击测试下合格标准:不起火、不爆炸。

（7）针刺测试

此项测试旨在模拟锂离子电池在内短路情况下的安全性。引起锂离子电池内短路的因素,如生产过程金属颗粒、低温充电产生的锂枝晶、过放产生的铜枝晶等都可能会引起正负极短路。一旦发生内短路,整个电池会通过短路点进行放电,大量的能量短时间内通过短路点释放(最多会有 70% 的能量在 60 s 内释放),引起温度快速升高,导致正负极活性物质分解和电解液燃烧,严重的情况下会导致电池起火和爆炸。

（8）喷射测试

喷射测试一般指用于汽车用途动力锂原电池和其他原电池、锂离子电池以及磷酸铁锂离子电池模块的外壳材料颗粒燃烧或电池内部成分的阻燃试验。将电池按照规定的试验方法充满电后,再将电池放置在试验工装的钢丝网上,如果试验过程中出现电池滑落的情况,可用单根金属丝把电池样品固定在钢丝网上;如果无此类情况发生,则不可以捆绑电池。

用火焰加热电池,当出现以下三种情况时停止加热:

①电池爆炸。

②电池完全燃烧。

③持续加热30min,但电池未起火、未爆炸。

试验后,组成电池的部件(粉尘状产物除外)或电池整体不得穿透铝网。

电学安全测试
及电性能检测设备

(二)检测设备

1.电池测试仪

电池测试仪主要用于检测电流、电压、容量、温度、电池循环寿命,并给出曲线图。电池测试仪有多个通道可供选择(图3-9)。可以单点启动、单点控制。电池测试仪通常有其对应的管理软件,如BTS电池检测系统(图3-10),支持电池组单体电压和温度的测量功能、DCIR直流内阻测量功能、脉冲工步、SIM工步、恒功率充电等。

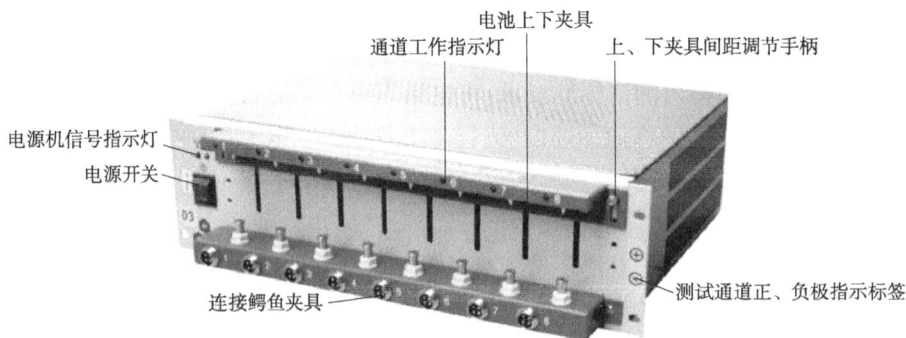

图3-9　电池测试仪

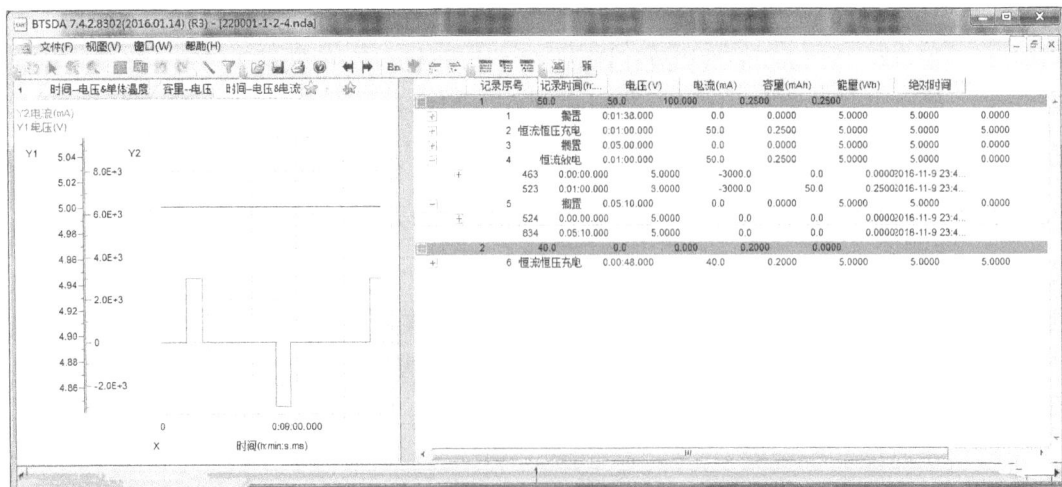

图3-10　软件控制界面

2.内阻仪

市面上大部分内阻仪采用交流放电测试方法,能够精确地测量蓄电池两端电压和内阻,并以此来判断蓄电池电池容量和技术状态的优劣。BK-300 电池内阻仪控制面板总图如图 3-11 所示。

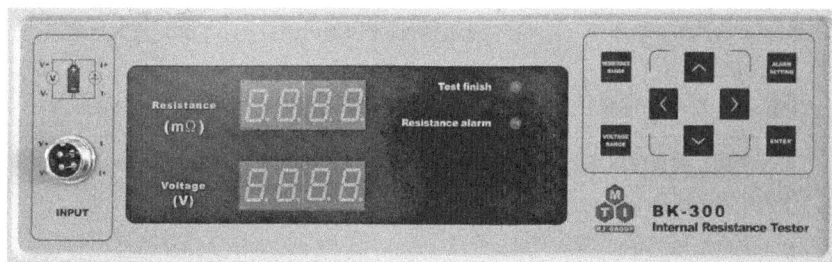

图 3-11　BK-300 电池内阻仪控制面板总图

3. 机械安全测试设备

①针刺测试机(图 3-12a)。通过电池机械性能测试、针刺测试,测试电池被机械破坏发生短路时的安全性能(冒烟、起火、爆炸)。

②电池加速度冲击试验台(图 3-12b)。模拟测试电池经受冲击环境后的性能、功能的可靠性及结构的完好性。

机械安全
测试设备

③电池挤压试验机(图 3-12c)。模拟电池受到挤压时的机械安全性能。电池受到挤压容易导致内部短路,破坏严重的会导致起火、爆炸。

 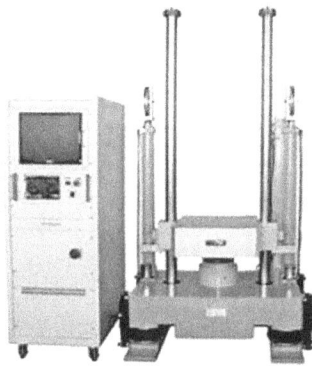 

a) b) c)

图 3-12　常见的锂离子电池机械安全测试设备

二、任务实施

电性能及部分机械安全性能任务实施见表 3-9。

电性能及部分机械安全性能任务实施　　　　　　　　　表 3-9

车间工作任务	储能电芯生产过程
生产岗位	电芯检测岗位
工艺路线	
原材料 及设备准备	步骤 1:确认分容后合格的电芯。 步骤 2:调试好电池测试仪、内阻仪、机械性能测试设备,确保正常运行

充放电性能	步骤1:按照国标测试条件,将电芯恒流恒压充满电。 步骤2:对充满电的电芯进行恒流放电,初始充放电能量不小于额定充放电能量;能量效率不小于90%。 步骤3:试验样品的初始充电能量的极差平均值不大于初始充电能量平均值的6%
自放电及储存性能	步骤1:按照国标测试条件,在(20±5)℃下,首先以0.2C的倍率放电,测量其放电容量作为储存前的放电容量。 步骤2:以0.2C的倍率充电至满电容量。 步骤3:搁置28d后以0.2C的放电电流测量储存后的放电容量。 步骤4:通过储存前后的放电容量计算出自放电率和容量保持率分数
寿命测试	按国标设定充放电循环条件,记录放电容量为80%时的充放电次数,为电芯循环寿命
高低温性能测试	步骤1:按国标测试条件,将电池在(20±5)℃下以0.2C充电至截止电压。 步骤2:将电芯移至低温箱或高温箱恒温一定的时间(一般低温放置下16~24h,高温下放置为1~2h)。 步骤3:以0.2C放电到规定的截止电压,观察电芯是否有异常
主要机械安全性能测试	步骤1:将电芯挤压至变形量达到30%,观察电芯有无异常。电池在挤压测试下合格标准:不起火、无冒烟、不爆炸。 步骤2:将电芯的正极或负极端子朝下从1.5m高度处自由跌落到水泥地面上1次,电池在自由跌落测试下合格标准:不起火、无冒烟、不爆炸
车间管理	8S管理

三、任务评价

磷酸铁锂电芯化成理实一体化任务评价表见表3-10。

磷酸铁锂电芯化成理实一体化任务评价表 表3-10

班级		成员	
组号		时间	
自我评价			

评价指标	评价要素	评价标准	配分(分)	得分(分)
课前工作	网络资源查找	按要求查找相应的资料得10分,查找资料不全按相应的查找情况得2~8分,未按要求查找不得分	10	
	课前资源学习及课前测试	按照云班课上资源学习的完成情况及课前测试得分给出相应的分值	10	
参与状态	出勤情况	迟到或早退的每次扣2分,缺勤每次扣10分	10	
	协作交流情况	按照能积极开展交流协作、能参与到其他同学的交流协作及通过教师引导参与同学交流协作三个档次分别得15分、10分、5分	15	

评价指标	评价要素	评价标准	配分(分)	得分(分)
参与状态	积极思考,主动和教师交流	基础分6分,每次和教师交流加1分	10	
	深入思考,发现问题	基础分6分,每次发现相关问题并和教师交流加1分	15	
	遵守课堂纪律	每违反一次课堂纪律扣2分,直至扣完	10	
任务完成情况	工作计划	按照工作计划制订的完整度和合理性分别得2~10分,未制订工作计划不得分	10	
	工作任务	能够按计划完成相关工作任务得10分,每超过计划5min扣2分	10	
总分		权重分(20%)		

个人自评:

组内互评				
评价指标	评价要素	评价标准	配分(分)	得分(分)
课前工作	团队协作查找信息	总分10分,在课前能和小组成员一起查找资料,汇总资料,请按照参与程度分别得2~10分,若未参与得0分	10	
参与状态	小组讨论	总分15分,在小组学习过程中能积极参加讨论,按参与度得5~10分,若在讨论过程中有建设性意见每次加2分	15	
	小组协作	总分15分,在需要小组成员协作解决问题时,能积极参与,按照参与程度得5~10分,若在此过程中主持小组协作每次加2分	15	
	小组汇报	总分15分,按照汇报的情况,进行小组汇报的成员得10~15分,协助进行汇报的成员得5~10分	15	
	纪律问题	总分15分,遵守课堂纪律,尊重小组成员和相应的工作成果,如出现违反课堂纪律不尊重小组成员及劳动成果的现象,每次扣2分	15	
任务完成情况	工作任务	总分15分,认真与团队协作,按时按质完成工作任务。按照他对团队的贡献从低到高分别得5分、10分、15分	15	

评价指标	评价要素	评价标准	配分(分)	得分(分)
任务完成情况	收尾工作	总分15分,在任务完成后能按照相关要求进行物品规整、资料整理等工作,按照参与度分别得5分、10分、15分	15	
总分		权重分(20%)		
组员评价:				

教师评价				
序号	任务	评价要点	配分(分)	得分(分)
1	电池性能检测意义	描述	5	
2	充放电性能检测	检测后评估	10	
3	自放电及储存性能检测	检测并得出相应数据,判断是否合格	10	
4	寿命测试	检测电池循环次数	20	
5	高低温性能测试	检测后评估电池高低温性能	20	
6	机械安全性能测试	评估电池机械安全性能	20	
7	安全要求	遵守安全规则	5	
8	环保要求	保护环境	4	
9	思政要求	精神素养	6	
考核团队				
总分		权重分(60%)		
总得分				
教师评价:				

四、拓展阅读

源网荷储一体化

过去,我国电网系统就像是一个大家庭,家里的电源(如发电厂)负责生产电力,电网就像是大家的输电通道,而负荷(如家庭、工厂等用电的地方)就是消耗电力的成员。但随着新能源(如风电、光伏等)的加入,这个大家庭遇到了新的挑战。新能源发电有时候多,有时候少,就像是一个不稳定的收入来源,给电网的稳定运行带来了困扰。为了解决这个问题,我国提出了一个创新方案——源网荷储一体化。这就像是一个更聪明的家庭管理方案,不仅关注生产(电源)、传输(电网),还关注消费(负荷)和储存(储能)。源网荷储一体化就像一个精密的协同系统,各个部分都在为了家庭的和谐而努力。

内蒙古自治区有一个全球规模最大的源网荷储一体化示范项目——三峡乌兰察布项目。这个项目就像是一个大型的能源实验场,展示了源网荷储一体化的强大能力。它不仅能够高效地利用新能源发电,还能通过储能和负荷调节,保持电网的稳定运行。当新能源发电装机超过一定比例,绿电消纳与热电机组供热出现矛盾时,储能电站就像是一个"电力银行",通过充放电调节,有力地支持了电网调峰和新能源消纳。

源网荷储一体化是一个关于创新、协同和绿色转型的故事,它让我们看到了一个更加智能、高效和稳定的能源未来。每个人都能成为能源管理的一分子,共同为构建一个更加美好的能源世界而努力。

五、学习测试

一、单选题

1. 锂离子电池充电一般采用_____模式,放电采用_____模式。（　　）

    A. 恒流恒压,恒流   B. 恒压,恒流

    C. 恒流,恒压   D. 恒功率,恒流

2. 充电电压越低、变化速度越慢,说明电池在充电过程中的极化_____、充电效率_____,可推测该电池有_____的使用寿命。（　　）

    A. 越小　越低　较短   B. 越小　越高　较长

    C. 越大　越高　较长   D. 越大　越低　较短

3. 一块标称容量为 1800mA·h 的锂离子电池储存前放电容量为 1400mA·h,储存 30d 后放电容量为 1000mA·h,则此电池的容量保持分数为（　　）。

    A. 71.4%   B. 22.2%   C. 30%   D. 44.4%

4. 锂离子电池寿命指以额定的充放电电流进行充放电,电池容量衰减时（　　）到所经历的循环次数。

    A. 80%   B. 50%   C. 30%   D. 0

5. 内阻仪一般采用（　　）测试方法,能够精确测量蓄电池两端电压和内阻,并以此来判断蓄电池电池容量和技术状态的优劣。

    A. 循环伏安   B. 交流放电   C. 恒流滴定   D. 直流放电

二、多选题

1. 电池内阻会随着电池的使用而逐渐增大。内阻大的电池,会造成（　　）。

    A. 充放电时内部功耗大   B. 电池加速老化和寿命衰减

    C. 限制大倍率的充放电应用   D. 充电电压减小

2. 引起锂离子电池内部短路的因素有（　　）。

    A. 生产过程中的金属颗粒   B. 附着有异物、脏污

    C. 低温充电产生的锂枝晶   D. 过放产生的铜枝晶

3. 锂离子电池机械安全测试合格标准是( )。

    A. 不起火   B. 不爆炸

    C. 不漏液   D. 无明显损伤

三、判断题

1. 充电终点电压的高低可反映电池性能的优劣或影响电池的性能。   ( )

2. 低温或大电流放电时,电极极化较小导致电池电压下降较慢,所以截止电压一般设置较高。   ( )

3. 电池寿命的测试中,电池的容量不是唯一衡量电池循环寿命的指标。   ( )

4. 锂离子电池高低温性能测试中,一般高温储存时间少于低温储存时间。   ( )

5. 振动测试旨在模拟锂离子电池在交通运输时,可能遇到的各种频率振动情况。

    ( )

四、简答题

1. 简述锂离子电池的电性能检测项目。

2. 简述锂离子电池机械安全性能检测项目。

3. 请说出一种锂离子电池电性能测试的国家标准。

4. 请说出一种锂离子电池机械安全性能测试的国家标准。

参 考 文 献

［1］何建伟,张纯.锂离子动力电池负极涂布烘箱余热回收改进[J].节能,2023,42(12):67-69.

［2］陈育新,杨家沐,练成,等.基于相场模型的锂离子电池电极浆料稳定涂布窗口分析[J].储能科学与技术,2023,12(7):2185-2193.

［3］卢海勇,石清侠,吴玮,等.锂离子电池生产中的环境影响及污染防治[J].资源节约与环保,2023(2):76-79.

［4］王慧艳,陈怡沁,周静红,等.锂离子电池正极涂层孔隙结构优化的数值模拟[J].化工学报,2022,73(1):376-383.

［5］吕兆财,王玉西,汪智涛,等.热辊压对锂离子电池正极极片性能的影响[J].储能科学与技术,2024,13(5):1443-1450.

［6］李茂源,张云,汪正堂,等.锂离子电池极片制造中的微结构演化[J].科学通报,2022,67(11):1088-1102.

［7］张俊鹏,黄华贵,孙静娜,等.锂离子电池极片辊压微观结构演化与过程建模[J].中国有色金属学报,2022,32(3):776-787.

［8］李林贺.锂离子电池极耳焊接对电池性能影响的研究[J].焊接技术,2018,47(5):101-102.

［9］刘春亮,刘熙林,张国恒,等.铜镀镍极耳对磷酸铁锂离子电池性能影响的研究[J].电源技术,2018,42(8):1123-1125.

［10］周俊雄,陈腾飞,熊雪飞,等.锂离子电池合芯关键技术研究[J].现代制造技术与装备,2022,58(11):23-25.

［11］孙来华,郭庆乡,孙合元.锂电池极耳焊接设备:CN202021433154.7[P].CN213794811U[2025-04-25].

［12］陈敬宜,王根伟,宋辉,等.圆柱形锂离子动力电池卷绕过程中的应力分析[J].太原理工大学学报,2023,54(2):280-289.

［13］吴韬.锂离子电池注液工艺以及大圆柱电池:CN202310391706.4[P].2024-06-18.

［14］任扬.圆柱型锂离子电池压力封口技术及测量方法[J].锻压装备与制造技术,2018,53(3):130-132.

［15］罗大为.锂离子电池材料与技术[M].北京:化学工业出版社,2024.

［16］李文涛.锂离子电池安全与质量管控[M].北京:化学工业出版社,2022.

［17］陈华.锂离子电池制造工艺及装备[M].北京:化学工业出版社,2024.

［18］黄鲲,陈军.锂离子电池热失控及测试标准[J].环境技术,2023,41(10):196-201.

[19] 王玲玲,马可人,刘萍.化成工艺对锂离子电池性能的影响[J].材料科学与工程学报,2022,40(4):725-728.

[20] 常明飞,侯月朋,郅晓科,等.锂离子电池安全性能测试及其影响因素分析[J].电源技术,2018,42(9):1307-1309.